一语胜千言

人生必读的锦句精华

耀辉 编著

中国华侨出版社

前　言

关于梦想，兰斯顿·修斯说：要及时把握梦想，因为梦想一死，生命就如一只羽翼受创的小鸟，无法飞翔。

关于自我，赫尔曼·黑塞说：对每个人而言，真正的职责只有一个：找到自我。然后在心中坚守其一生，全心全意，永不停息。所有其他的路都是不完整的，是人的逃避方式，是对大众理想的懦弱回归，是随波逐流，是对内心的恐惧。

关于旅行，余光中说：旅行之意义并不是告诉别人"这里我来过"，而是一种改变。

关于爱，罗伊·克里夫特说：我爱你，不光因为你的样子；还因为，和你在一起时，我的样子。我爱你，不光因为你为我而做的事；还因为，为了你，我能做成的事。我爱你，因为你能唤出，我最真的那部分。我爱你，因为你穿越我心灵的狂野，如同阳光穿透水晶般容易，我的傻气，我的弱点，在你的目光里几乎不存在。而我心里最美丽的地方，却被你的光芒照得通亮。

……

为什么我们喜欢阅读箴言，因为它短小却精悍，并不多的文字组合在一起却道出了人们穷极一生寻找的哲理。有时候，相比长篇累牍的叙述、乏味冗长的道理，我们所需要的仅仅是一句话而已，可能是鼓励，可能是安抚，可能是指引，且从中获得源源不断的正能量。

也许你有时会觉得自己即将被强大的世界摧毁，有时可能会头脑发昏、辨不清方向，也可能烦恼于如何与孤独的自己相处……其实，这世界的难题从来不为一个人而单独准备，在他人的智慧中你可以发现相同的苦闷并找到他们对此的解释。这些答案可以让你即将倾倒的身体再次站立，让发昏的头脑变得清醒，让孤独的自己不再孤单。

我们可以在他人的感悟里读到自己的人生，也可以在他人的思考里发现自己生活的意义和努力的方向，这是箴言所带给我们的惊喜。

你或许需要这样一本可以每天陪伴你的书，陪你走过人生的四季。没有长篇大论，没有刻板晦涩，将思想表达在短短的文字里。这些话语有些唯美华丽，有些朴素哲理，但每一句都直指人心。当你找不到幸福的时候，当你孤独难过的时候，当你抱怨这个世界的时候……愿这些话语能激发出你内心的正向能量，陪你度过处于低谷和迷茫的日子。

目 录
contents

第一篇

第一辑　以梦为马去远方　　003

第二辑　年少总有幻灭与迷惘　　014

第三辑　爱是一辈子的事　　028

第四辑　若人生只如初见　　047

第五辑　大好时光，莫辜负　　060

第二篇

第一辑	心要保持蓬勃的模样	069
第二辑	生活在有人情味的世界	081
第三辑	愿我们拥有柔软的爱	091
第四辑	当想念变成习惯	107
第五辑	总有一人，让你情深	121

第三篇

第一辑	活着需要一些思考	139
第二辑	每个人都是独立的旅人	154
第三辑	感谢我拥有这样的命运	166
第四辑	等不来的戈多	176
第五辑	回不去的曾经	190

第四篇

第一辑　时间会慢慢沉淀　209

第二辑　生命要"浪费"在美好的事物上　217

第三辑　假如你正在寻找幸福　230

第四辑　历经感情的寒冬，我们终会明白　240

第五辑　下个路口遇见新生　251

第一篇

第一辑　以梦为马去远方

你知道梦想这种东西太过于冷暖自知，太多时候会觉得自己只是在钢索上孤单地前行着，所以才更加明白一句鼓励是多么重要，才更加明白那些愿意陪着你一起做梦的人是多么的难能可贵。

——卢思浩

梦是一种欲望，想是一种行动。梦想是梦与想的结晶。梦想带给人希望与动力。梦想是远处的灯塔，指示前进方向。梦想是雪后那抹阳光，温暖一颗心。梦想如五彩的气泡，美丽又易逝。把梦想装在心中，用行动舞蹈。把握梦想，不让青春虚度。

——佚名

梦想绝不是梦，两者之间的差别通常都有一段非常值得人们深思的距离。一个人如果已经把自己完全投入于权力和仇恨中，你怎么能期望他还有梦？

——古龙

如果想飞得高就该把地平线忘掉。

——几米

理想是指路明灯。没有理想，就没有坚定的方向；没有方向，就没有生活。

——列夫·托尔斯泰

不要只因一次失败，就放弃你原来决心想达到的目的。

——莎士比亚

离这个世界越近，发现自己愈是无知，前方愈远。生命的长河流经的地方，都将得到滋润，长出绚丽的鲜花丛林。当快乐来临，你告诫我，生命不可一直在欢乐中度过。当痛苦缠绕，你一直鼓励我，翻过这座大山，将是我们寻找已久的美丽家园。就在这样的不停变幻中，我接受着你的爱和赐予。

——《生命归去》

不要放弃你的幻想。当幻想没有了以后，你还可以生存，但是你虽生犹死。

——马克·吐温

不管梦想是什么，只有带着淡然的态度，做好当前的事情，才能如愿以偿。只有到了未来，才知道今天做的事情有什么意义。无论你选择做什么，那都是你理想的未来。能抓住机遇的人，大都是不假思索就做出选择的人。不能实现梦想的人，都是想要一样东西，却不愿意为之付出足够的努力。

——佚名

就是在我们母亲的膝上，我们获得了我们的最高尚、最真诚和最远大的理想，但是里面很少有任何金钱。

——马克·吐温

当现实折过来严丝合缝地贴在我们长期的梦想上时，它盖住了梦想，与它混为一体，如同两个同样的图形重叠起来合而为一。

——普鲁斯特《追忆似水年华》

现在每个我遇见的笑着的人，他们都不曾因为苦而放弃，他们只因扛而成长。谁不希望自己活得轻松，没有压力，一切随性，但如果你真的那样去做的话，你会发现这个世界都在和你作对。如果有一天你真的觉得自己轻松了，那也不是因为生活越来越容易了，而是因为我们越来越坚强。

——刘同

人，要有梦想，才能有前进的动力，如果没有梦想，那么你的人生就没有方向。梦想，是人生前行的指路灯；梦想，是对美好未来的憧憬；梦想，是成功后的满足。一辈子，总要为自己的梦想拼搏一次。把梦想亮出来，不要封存梦想，朝着你喜欢的方向前进，自己选择的路，跪着也要走完。

——佚名

如果一个目的是正当而必须做的，则达到这个目的的必要手段也是正当而必须采取的。

——林肯

实现明天理想的唯一障碍是今天的疑虑。

——罗斯福

梦想只要能持久，就能成为现实。我们不就是生活在梦想中的吗？

——丁尼生

梦想不抛弃苦心追求的人，只要不停止追求，你们会沐浴在梦想的光辉之中。

——佚名

梦想，是一个目标，是让自己活下去的原动力，是让自己开心的原因。

——佚名

要有生活目标，一辈子的目标，一段时期的目标，一个阶段的目标，一年的目标，一个月的目标，一个星期的目标，一天的目标，一个小时的目标，一分钟的目标。人类的幸福和欢乐在于奋斗，而最有价值的是为理想而奋斗。

——列夫·托尔斯泰

不论是生长在冬雪严寒的大北方，还是在酷热暴晒的大南方，女孩子们心中大都有一个梦想。杏花、微雨、江南，垂柳河边岸。细腻湿润的天地，总是能生长出美丽动人的故事。绿色的柳，粉红桃花，微风轻拂，白色纱织长裙快乐地飘舞，水中的莲荷淡淡轻笑。到晚间，月色如雾。

——朱云乔

让青春反抗老朽，长发反抗秃头，热情反抗陈腐，未来反抗往昔，这是多么自然！

——佚名

要及时把握梦想，因为梦想一死，生命就如一只羽翼受创的小鸟，无法飞翔。

——兰斯顿·休斯

我不相信手掌的纹路，但我相信手掌加上手指的力量。

——毕淑敏

如果你对自己的心非常了解，它就永远打击不到你。因为你将了解它的梦想和愿望，并知道怎样应对。谁也不能逃避自己的心，所以最好倾听心在说什么。只有这样，你才永远不会遭受意外的打击。

——保罗·柯艾略

我说生活的确是黑暗的,除非是有了激励;一切的激励都是盲目的,除非是有了知识;一切的知识都是徒然的,除非是有了工作;一切的工作都是虚空的,除非是有了爱。

——纪伯伦

世界上总有一个人在等待另外一个人,无论是在沙漠中还是在城市里。当这样的两个人相遇而且目光交会时,所有的过去和未来都失去了其重要性,存在的只有这一时刻本身,还有不可思议地确信太阳底下所有的事情都是由同一只手写定的。没有这一切,人类的梦想便没有意义。

——保罗·科埃略

如果不去遍历世界,我们就不知道什么是我们精神和情感的寄托,但我们一旦遍历了世界,却发现我们再也无法回到那美好的地方去了。当我们开始寻求,我们就已经失去,而我们不开始寻求,我们根本无法知道自己身边的一切是如此可贵。

——《小王子》

风帆,不挂在桅杆上,是一块无用的布;桅杆,不挂上风帆,是一根平常的柱;理想,不付诸行动是虚无缥缈的雾;行动,而没有理想,是徒走没有尽头的路。

——《蔷薇泡沫》

你真的介意真的在乎真的想要真的渴望的话,你一定能够做到的。什么事情都没有想象的那么难。但,每一天每一小时每一分钟都清醒地做到,这很难很难。决定命运的并不是天上掉下来的一个大大的机会,而是每一分钟里你做的一个微小的选择。所有的差别就只在那一分钟里。

——彭萦

每一个伟大，都会有争议；每一次完美，都有无穷的缺憾。

——萧伯纳

如今我不再如醉如痴，也不再想将远方的美丽及自己的快乐和爱的人分享。我的心已不再是春天，我的心已是夏天。我比当年更优雅，更内敛，更深刻，更洗练，也更心存感激。我孤独，但不为寂寞所苦，我别无所求。我乐于让阳光晒熟。我的眼光满足于所见事物，我学会了看，世界变美了。

——赫尔曼·黑塞

是的，我很重要。我们每个人都应该有勇气这样说。我们的地位可能很卑微，我们的身份可能很渺小，但这丝毫不意味着我们不重要。

——毕淑敏

我们各自心中都有某些不愿意摒弃的东西，即使这个东西使我们痛苦得要死。我们就是这样，就像古老的凯尔特传说中的荆棘鸟，泣血而啼，呕出了血淋淋的心而死。咱们自己制造了自己的荆棘，而且从来不计算其代价，我们所做的一切就是忍受痛苦的煎熬，并且告诉自己这非常值得。

——麦卡洛

即便也许会相负相欠相误相弃，也要先相见相知。如果没有经受过投入和用力的痛楚，又怎么会明白决绝之后的海阔天空。

——安妮宝贝

快乐是吞咽的，悲伤是咀嚼的；如果咀嚼快乐，会嚼出悲伤来。

——木心

失恋就像沙漏,而泪水和心痛,是那涓流的沙,每一次思念的翻转,就会引起一次决堤。每个失恋的人曾经唱着"分手快乐"煎熬着分手后的时光,很多都市男女都经历过这样一段痛苦的岁月。爱是世界上最美好的事情,即使它伤透了你的心,也要笑着忘却,然后开始下一段旅程。

——《分手笑忘书》

你出现在我的生命之中,原是为了陪我走一段路,看着我成长。你离我而去,也只是为了成全我,让我独自承担自己的生命,体现我在你身上所领悟的一切,清洁勇敢如新生。我们生存于这世上,忧喜参半,有更多的事情,分不清其哀乐。让我们走向各自的方向,无论结果如何,心中不会有悔。

——钟晓阳

你生活的起点并不是那么重要,重要的是最后你抵达了哪里。

——巴菲特

越长大,越知道做事不容易,越知道每个人都有难处,也就越不敢随随便便地瞧不起谁,以免不小心伤害了谁。这当然不是粉饰,更不是虚伪,而是懂得了体谅和温柔,温柔地和这个世界相处。

——蒂娜刘

一个好的男人,是帮助你成全梦想让你的世界更宽广;而不是让你放弃梦想跟着他,最后你的世界变得越来越狭窄,最后只剩下他。而现实就是,当你的世界只有他的时候,他会把他的这个世界给了别人,最后女人变得一无所有。

——《未婚女子》

我想说的是，时间一定会把我们生命中的碎屑带走，漂远。而把真正重要的事物和感情，替我们留下和保存。最终你看到这个存在，是心中一座暗绿色高耸山脉。沉静，安宁，不需任何言说。你一定会知道，并且得到。只是要学会等待，并且保持信任。

——安妮宝贝

失败意味着剥光所有无关紧要的东西。我失败后，不再假装我是某种其实我不是的人，而开始将我的精力投入于我真正在乎的工作。人生的谷底变成我重建人生的坚实基石。所以不要畏惧失败；只要活着就必然要面对失败，除非你小心翼翼到仿佛一生都没有活过。如果这样，你的失败将来自于放弃生活。

——J.K. 罗琳

"人生若只如初见……"可是，只如初见，也就没有而今的甜蜜。爱情是一场冒险，也许我会碰得焦头烂额，也许我会重又变成孤单一人；但是，为了那么优秀的可爱的你，我心甘情愿冒险。假使我错了，那不是你的错，是我看错了。

——张小娴

你要找的是一个能使你微笑的人，因为一个微笑就可使阴沉的一天变得明朗。

——佚名

受到乌托邦声音的迷惑，他们拼命挤进天堂的大门，但当大门在身后砰然关上时，他们都发现自己是在地狱里。这样的时刻使我感到，历史总是喜欢开怀大笑的。

——米兰·昆德拉

刻意去找的东西，往往是找不到的，天下万物的来和去都有它的时间和地点。是你的，就是你的，不是你的，就不是你的。

——三毛

每一次，当他伤害我时，我会用过去那些美好的回忆来原谅他，然而，再美好的回忆也有用完的一天，到了最后只剩下回忆的残骸，一切都变成了折磨，也许我的确是从来不认识他。

——村上春树

在生活和事业的各个方面，才智的功能远不如性格，头脑的功能远不如心性，天分远不如自制力、毅力与教养。现在的我很多地方可能比别人优秀但却并无任何高贵之处。真正的高贵在于超越从前的我。

——海明威

牢记并重复"我是"，你将会揭开世界的真相。的确，这个词就是"我是"。呼唤这个名字，将它放进你的想象中，彻彻底底照此生活，它就会与能量之源住在你心里，让你成为你确定要成为的样子。

——《正能量修成手册》

等着我们去做的事情太多了，我们不能总是沉醉在一种辉煌或失落于一种痛苦里。如意或不如意的种种如果可以不留痕迹，就让它如一池飞雁已过的清潭般安宁美好，让开朗和无所挂牵的心情陪伴我们过更全新的日子。

——饶雪漫

我们整天忙忙碌碌，像一群群没有灵魂的苍蝇，喧闹着，躁动着，听不到灵魂深处的声音。时光流逝，童年远去，我们渐渐长大，岁月带走了许许多多的回忆，也销蚀了心底曾经拥有的那份童稚的纯真，我们不顾心灵桎梏，沉溺于人世浮华，专注于利益法则，我们把自己弄丢了。

——安东尼·德·圣·埃克苏佩里

也许有那么一个时候，你忽然会觉得很绝望，觉得全世界都背弃了你，活着就是承担屈辱和痛苦。这个时候你要对自己说，没关系，很多人都是这样长大的。风平浪静的人生是中年以后的追求。当你尚在年少，你受的苦，吃的亏，担的责，扛的罪，忍的痛，到最后都会变成光，照亮你的路。

——饶雪漫

正值青春年华的我们，总会一次次不知觉望向远方，对远方的道路充满憧憬，尽管忽隐忽现，充满迷茫。有时候身边就像被浓雾紧紧包围，那种迷茫和无助只有自己能懂。尽管有点孤独，尽管带着迷茫和无奈，但我依然勇敢地面对，因为，这就是我的青春，不是别人的，只属于我的。

——《挪威的森林》

别人怎么看你，或者你自己如何地探测生活，都不重要。重要的是你必须要用一种真实的方式，度过在手指缝之间如雨水一样无法停止下落的时间，你要知道自己将会如何生活。

——安妮宝贝

我可能是幸运的。我知道满意的爱情并不很多，需要种种机遇。我只是想，不应该因为现实的不满意就迁怒于梦想，说它本来没有。人若无梦，夜的眼睛就要瞎了。

——史铁生

人的一生很像是在雾中行走，远远望去，只是迷蒙一片，辨不出方向和吉凶。可是，当你鼓起勇气，放下忧惧和怀疑，一步一步向前走去的时候，你就会发现，每走一步，你都能把下一步路看得清楚一点。"往前走，别站在远远的地方观望！"你就可以找到你的方向。

——罗兰

梦想是注定孤独的旅行，路上少不了质疑和嘲笑，但那又怎样，哪怕遍体鳞伤，也要活的漂亮。

——陈欧

当你全心全意梦想着什么的时候，整个宇宙都会协同起来，助你实现自己的心愿。

——保罗·戈埃罗

为梦想选择了远方，便没有回头路可以走。所以，要么战死沙场，要么狼狈回乡。

——易术

我唯一的害怕，是你们已经不相信了，不相信规则能战胜潜规则，不相信风骨远胜于媚骨。你们觉得追求级别的越来越多，追求真理的越来越少；讲待遇的越来越多，讲理想的越来越少。因此，在你们走向社会之际，我想说的只是，请看护好你曾经的激情和理想。在这个怀疑的时代，我们依然需要信仰。

——卢新宁

你要尽全力保护你的梦想。那些嘲笑你梦想的人，因为他们必定会失败，他们想把你变成和他们一样的人。我坚信，只要我心中有梦想，我就会与众不同，你也是。

——《当幸福来敲门》

第二辑　年少总有幻灭与迷惘

青春就是用来追忆的，当你怀揣着它时，它一文不值，只有将它耗尽后，再回过头看，一切才有了意义。爱过我们的人和伤害过我们的人，都是我们青春存在的意义。青春，最终只不过是年久失修的陈黄纸画，轻轻一碰，就碎飘于风中，化于无痕。

——辛夷坞

遂翻开那发黄的扉页
命运将它装订得极为拙劣
含着泪，我一读再读
却不得不承认
青春是一本太仓促的书

——席慕蓉

有时候，有些事情，你明知道做了也不会改变世界的运作，但你还是会坚持去做，这股傻劲……叫作青春。

——佚名

如果真有一段可以称为"青春"的岁月，我想，那指的并非某段期间的一般状态，而是一段通过青涩内在，在阳光照射下轻飘摇晃、接近透明的时间。也是被丢进自我意识泛滥之大海时所遭遇的瞬间陶醉。换句话说，那是一种光荣的贫瘠、伟大的缺席。

——森山大道

你的青春就是一场远行，一场离自己的童年，离自己的少年，越来越远的一场远行，你会发现这个世界跟你想象的一点都不一样，你甚至会觉得很孤独，你会受到很多的排挤。度假和旅行，其实都解决不了这些问题，那我解决这些问题的办法，就是不停寻找自己所热爱的一切。

——韩寒

"我很好"不是指你终于熬到有了钱，有了朋友，有了人照顾的日子。而是你终于可以习惯没有钱，没有朋友，没有人照顾的日子。"我很好"是告诉他们，你越来越能接受现实，而不是越来越现实；离开，你一样可以过得很好。

——刘同

我不认为为了别人去努力是无聊的，我不认为想着怎样才能改善别人的生活是无聊的，我不认为奉献是无聊的，我不认为对于自由的信仰是无聊的。我希望年轻人可以明白：这些事情一点都不无聊，正是这些事情把世界变为一个你们能够掌握自己命运的地方。

——昂山素季

当你感觉人生没那么如意，当你对自己的表现没那么满意，当你对自己爱的人或自己感到失望，当你觉得自己再也坚持不下去的时候，请记得对自己说：没关系，我们都是这样长大的。

——饶雪漫

青春并不消逝，只是迁徙。青春从不曾消逝，只是从我这里迁徙到他那里。与青春恍然相逢的刹那，我看见了岁月的慈悲。

——张曼娟

迷宫般的城市，让人习惯看相同的景物，走相同的路线，到同样的目的地；习惯让人的生活不再变，习惯让人有种莫名的安全感，却又有种莫名的寂寞。而你，永远不知道，你的习惯会让你错过什么。

——几米

曾经那么深刻地喜欢着，爱着一个人，总好过麻木一生，不与任何人擦出火花。爱过，温暖过，幸福过，即使没有被爱着的人好好疼惜过，遗憾中还是有甜蜜，还是有快乐的对不对。毕竟，爱情不一定是两个人的事情。那些偷偷爱着他的时光，是一个人的成长，一个人完整的爱情。

——《失去他，你依然很富有》

石头貌不起眼，却能恒久千年万载。鲜花美不胜收，却只不过一季芬芳。上帝不会让任何人与物完美无缺，生活也不会让任何事百分之百的圆满。没有人可以得到所有的幸福，生活中总会存在这样那样的缺憾。人有悲欢离合，正如月有阴晴圆缺，上帝给谁都不太多。

——雪影霜魂

年少时的你我因没有学好爱情这门功课而交出了错误百出的答卷，温柔地相爱过，也暴烈地相恨过；甜蜜地幸福过，也痛苦地伤害过。纷繁复杂的聚散离合后，曾经爱过的人，最终成了熟悉的陌生人。当我们各自行走在人生路上，在渐渐地成长中终于明白：年少时我们真的不懂爱情。

——《你的世界我来过》

为美丽而驻足，为哲思而感悟，为友善而感动。沉下心来去品味，静下心来去怡情，做每一次经历的主人，把握每一次过程的真谛。日暮时分，垂暮之年，当我们坐在摇椅上回首往事时，希望我们可以为从前的每一个认真而自豪，每一次真诚而感动。

——朱云乔

你了解自己是怎样的人吗？有时觉得自己像站在旷野巨石上孤独吼叫的兽，风声吞没了一切，没人能真正听到我怒吼！我是有些忧郁有些愤世嫉俗，我总掩盖真实的自己，害怕别人一眼看穿，如果你觉得我陌生，别讶异，那不是真正的我。

——佚名

小时候我们对着萤火虫许愿，长大了我们对着流星许愿，随后这些愿望就消失了。

——佚名

在一起的时间，走过的旅程，住过的城市，消磨的时光，那些，陪我一起傻过的人，就是所谓的青春。微笑后坚定地转身，从此变得聪明，之前那个我和现在的我之间的距离，被许多细小琐碎的事填充着，这些，都是你给我的爱吧……

——安东尼

请相信，那些偷偷溜走的时光，催老了我们的容颜，却丰盈了我们的人生。请相信，青春的可贵并不是因为那些年轻时光，而是那颗盈满了勇敢和热情的心，不怕受伤，不怕付出，不怕去爱，不怕去梦想。请相信，青春的逝去并不可怕，可怕的是失去了勇敢地热爱生活的心。

——桐华

年轻时候最大的财富,不是你的青春,不是你的美貌,也不是你充沛的精力,而是你有犯错误的机会。如果你年轻时候都不能追随自己心里的那种强烈愿望,去为自己认为该干的事,冒一次风险,哪怕犯一次错误的话,那青春多么苍白啊!

——杨澜

有谁不曾为那暗恋而痛苦?我们总以为那份痴情很重,很重,是世上最重的重量。有一天,蓦然回首,我们才发现,它一直都是很轻,很轻的。我们以为爱得很深,很深,来日岁月,会让你知道,它不过很浅,很浅。最深和最重的爱,必须和时日一起成长。

——《天使爱美丽》

千里迢迢的路途,翻山越岭,漂洋过海。依旧有沉重的现实要去面对和承受。所有的感情都会逐渐地平静和淡忘。可是这一刻,相近的灵魂在一起。潮水,温暖的阳光,寂静的风,还有记忆。一万个美丽的未来,抵不上一个温暖的现在。每一个真实的现在,都曾经是你幻想的未来。

——安妮宝贝

与喜欢的人相会,总是这样短暂,可是为了这样短暂的相会,我们已经走过人生的漫漫长途,遭受过数不清的雪雨风霜,好不容易,熬到在这样的寒夜里,和知心的朋友,深情相会。仔细地思索起来,从前那走过的路途,不都是为了这短短的数小时做准备吗?

——林清玄

那些青春期的脆弱自尊,轻易不得触碰,那极有有可能成为对他或她一生的打扰。我们都曾经历那样纯粹、易碎的青春,只是时光的磨砺已让我们懂得逃避与忍气吞声然后慢慢遗忘自己曾经的青春。

——东野圭吾

对每个人而言，真正的职责只有一个：找到自我。然后在心中坚守其一生，全心全意，永不停息。所有其他的路都是不完整的，是人的逃避方式，是对大众理想的懦弱回归，是随波逐流，是对内心的恐惧。

——赫尔曼·黑塞

没有绝对的高贵，也没有绝对的卑微。当心是一滴水的时候，它就作为一滴水而活着，一旦它滴入大海，它便成了海。倘若人们认识到生命中住着一个心君，那么所有的彷徨、迷失、虚荣都不过是客尘。

——佚名

多想喝一壶清淡的茶，不论暖和凉，品味半世的沧桑。多想写一封简洁的信，不留名和姓，寄去未知的天涯。多想爱一个平静的人，不问对与错，携手乱世的红尘。

——白落梅

青春，如同一场盛大而华丽的戏，我们有着不同的假面，扮演着不同的角色，演绎着不同的经历，却有着相同的悲哀。

——席慕蓉

青春的美丽与珍贵，就在于它的无邪与无瑕，在于它的可遇而不可求，在于它的永不重回。

——席慕蓉

如果你不能确定你往哪里走,那么此处就是你的葬身之地。

——毕淑敏

该来的始终会来,千万别太着急,如果你失去了耐心,就会失去更多。该走过的路总是要走过的,从来不要认为你走错了路,哪怕最后转了一个大弯。这条路上你看到的风景总是特属于你自己的,没有人能夺走它。

——卢思浩

或许,忙碌的生活剥夺了我们很多的色彩。记不清,有多久没有好好地静下来听一首歌,又有多久没有停下来看看周遭的风景,匆忙的我们,似乎只记得通往明天的路标,有多久没有回首,有多久没有感叹,遗忘的笑颜被谁抛却,枯萎的青春又将谁来祭奠?

——残月

人们都有着一个习惯,就是总是自己跟自己过不去。工作遇挫折了,就自惭形秽了。生活不顺利了,就萎靡不振了。其实,会伤心是正常的,但不能因此就把自己困住了。一时的考试并不代表一个人的才能,一时的工作挫折并不代表一个人的能力,一时的生活磨难并不代表一个人的无能。

——张瑞敏

不必讨好所有人,正如不必铭记所有"昨天";时光如雨,我们都是在雨中行走的人,找到属于自己的伞,建造小天地,朝前走,一直走到风停雨住,美好晴天。

——伊北

人生其实像一条从宽阔的平原走进森林的路。在平原上同伴可以结伙而行,欢乐地前推后挤相濡以沫;一旦进入森林,草丛和荆棘挡路,情形就变了,各人专心走各人的路，寻找各人的方向。那推推挤挤同唱同乐的群体情感，那无忧无虑无猜忌的同僚深情，在人的一生之中也只有少年期有。

——龙应台

一定真诚地、认真地度过人生每一天。不要再轻易抱怨人生苦短，其实所有美丽的风景都在自己的心里和手上，与其抱怨明天不是那么如意，不如把今天的手头事做好。而美好的人生不需要多富足多成功，所谓美好人生，只是最简单淳朴的小幸福。

——佚名

我们总是在忌妒，在羡慕。然而都是假想敌而已。其实，路是自己选的，自己总是掌握着方向盘。再多的人，只是催化剂而已。十年之前我都不能清晰地知道自己要什么，要过什么样的生活，但是一步一步的路让未来生活的轮廓越来越清晰。我不知道我要什么，但是我能知道我不要什么。

——佚名

不管活到什么岁数，总有太多思索、烦恼与迷惘。一个人如果失去这些，安于现状，才是真正意义上的青春的完结。

——渡边淳一

自此以后，你再不怕面对自己上街、自己下馆子、自己乐、自己笑、自己哭、自己应付天塌地陷的难题……这时你才尝到从必然王国飞跃到自由王国的乐趣，你会感到"天马行空，独往独来"比和另一个人什么都绑在一起更好。这时候你才算真正长大，虽然这一年你可能已经70岁了。

——《这时候你才算长大》

当你年老岁月将近白发苍苍，困倦地坐在炉边取下这本书，沉思漫想，陷入往事的回忆，你一度当年的柔情与美丽缤纷，多少人爱你昙花一现的身影，爱你的容貌于虚情假意之中，只有一人爱你如朝拜的神圣，爱你不因岁月无情自始所终。

——叶芝

当一个人爱你的时候，你的"一无所有"都变得比全世界都富有；当一个人不爱你的时候，你所有的一切，都变得"一文不值"。

——《致我们终将逝去的青春》

年轻的我们总有很多东西无法挽留，比如走远的时光，比如枯萎的情感；总有很多东西难以割舍，比如追逐的梦想，比如心中的喜爱；面对前进道路上的未知因素，路走不通的时候，不要眷恋前面的风景，不要回望来时的行程；简单做自己，总有一扇门为梦想打开。

——《你简单，世界就对你简单》

那时明明很认真地喜欢，却不敢面对面地说出来。而现在面对面可以说出无数爱，却不能很认真。这是只有我一个人感悟到的事吗？我想不是，这是所有人最初的憧憬和最终的遗憾。

——九夜茴

每次开始的时候，都迫不及待地爱别人。可是真正在一起以后，就忘记了小心翼翼地疼爱。原来，喜欢上一个人很容易。可是，要在心里最深刻的地方，去珍惜，就很难！

——安东尼

在这个世界上，你就爱一种东西，你就在你爱这个东西时把自己练到完美，练到无懈可击。你因此寻得满足，此外的一切其实无足轻重。就这样，你变得坚强，足以抵抗不时倾巢而来的寂寞；你变得勇敢，你学会拒绝周遭的喧哗与热闹；你学会简单而严肃，你形成一种风格，唯你独有。

——《纽约客随笔》

青春不再、美貌已逝，压力很大、快乐很少。但是，但是啊，无须忧伤，此刻恰是我们一生中最好的时光……

——《一生中最好的时光》

做人就像是一家客栈，每个早晨，都是一位新来的客人。……无论谁来，都要感激。因为每一位都是由世外派来指引你的向导。

——鲁米

我迷了路，我游荡着，我寻求那得不到的东西，我得到了我所没有寻求的东西。

——泰戈尔

人生没有那么多的假设，现实是一个一个真实的耳光，打在你的脸上，喊疼毫无疑义，唯有一往无前。

——饶雪漫

旅行之意义并不是告诉别人"这里我来过"，是一种改变。旅行会改变人的气质，让人的目光变得更加长远。在旅途中，你会看到不同的人有不同的习惯，你才能了解到，并不是每个人都按照你的方式在生活。这样，人的心胸才会变得更宽广；这样，我们才会以更好的心态去面对自己的生活。

——余光中

我们一生里有可能遇到很多人，有时正好同路，就会在一起走一段，直到我们遇到了真正想要共度一生的那个人，才会把余下的旅途全部交给这个人，结伴一起到终点。

——《致我们终将逝去的青春》

每一个人都有青春，每一个青春都有一个故事，每个故事都有一个遗憾，每个遗憾都有它的青春美。

——九夜茴

我是船，静静地漂浮在时间的河上。人海茫茫，也曾为了一段萍水相逢，迷失过最初的方向。隔岸灯火已阑珊，而我打捞着一轮水中的月亮，止不住内心无尽的荒凉。在时间的河上，已然忘记那些落花无言的过往。走过千回百转的岁月，不要问我，是否饮尽了尘世的风霜。

——白落梅

谁的青春没缺失？没错过？有的可以弥补，有的已经太晚了。无所谓迟到或是早到，每一片良辰美景总会有尽头，回忆也有荒芜的一天，只要曾经在场就好。

——张小娴

也许要越过青春，才能知道青春是多么自恋的一段时期。有时候想，爱情之所以要兜那么大圈子，付出惨烈代价，是因为他生不逢时。拥有它的时候我们缺乏智慧，等我们有智慧的时候，已经没有精力去谈一场纯粹的恋爱。

——目非

你不喜欢的每一天不是你的，你仅仅度过了它；无论你过着什么样的没有喜悦的生活，你都没有生活……幸福的人，把他们的欢乐放在微小的事物里,永远也不会剥夺属于每一天的天然的财富。

——佩索阿

当你了解世间一切的空性,你就知道要学着不在乎。好多事情,不会因为你在乎而改变,也不会因为你在乎就变成你喜欢的样子。不如把用来在乎的时间和精力去做更有意思的事,成为一个更好的自己。

——张小娴

最开始喜欢一个人,舍得给对方发短信。之后喜欢一个人,舍得给对方打电话。后来喜欢一个人,舍得为对方的微博 QQ 人人刷流量。再后来喜欢一个人,舍得为对方花工资积蓄零花钱。等到有一天,你爱上一个人,你开始愿意为对方花掉你所有的时间。

——刘同

他们看见你面前荣光,没看见你后背泼墨;看见你的收成,没看见你的匍匐;他们看见掌声,没看见耳光;看见你此刻锦衣玉食,没看见你曾经捉襟见肘;他们看见年少轻狂,没看见沮丧绝望;看见恨,没看见爱;他们看见你的庆典,没看见你的祭别;他们看见白昼,没看见黑夜。但你永远看得见自己。

——郭敬明

曾经的日子如同凋零的落叶,不可能再回到原来的位置。过去的就让它过去,不要再纠缠,更不要去后悔。什么都记住,只会让你的背囊越来越沉重,只有抛弃那些不必要的负担,你才能走得更远。永远不要为失去的感到遗憾——你没有摘到的,只是春天的一朵花,整个春天还是你的。

——安妮宝贝

一切都经过了,一切都走过了,一切都熬过了,生命的底色里,增了韧,添了柔。这时候平和下来的生命，已经沉静到扰不乱，已经稳健到动不摇，已经淡定到风打不动。

——马德

你拒绝了金钱，就将毕生扼守清贫。你拒绝了享乐，就将布衣素食天涯苦旅。你拒绝了父母，就可能成为飘零的小舟，孤悬海外。你拒绝了师长，就可能逐出师门自生自灭。你拒绝了一个强有力的男人相助，他可能会反目为仇，在你的征程上布下道道藩篱。

——毕淑敏

女人有女人特别的聪明，轻盈活泼得跟她的举动一样。比了这种聪明，才学不过是沉淀渣滓，说女人有才学，就仿佛赞美一朵花，说她在天平上称起来有白菜番薯的斤两。真聪明的女人决不用功要做成才女，她只巧妙地偷懒。

——钱钟书

越长时间不说话，就越难找到可说的话题。同理，事情搁置的时间越长，就越难以讨论。

——伊维塔·泽鲁巴维尔

人之所以悲哀，是因为我们留不住岁月，更无法不承认，青春，有一日是要这么自然地消失过去。而人之可贵，也在于我们因着时光环境的改变，在生活上得到长进。

——三毛

相见时难别亦难，东风无力百花残。之前，这些青春洋溢的年轻人们，还不懂这句话的真意，非要等到亲自尝试之后，才明白离别的伤悲。但是，少年人们，莫伤悲，所有的离别，都是为了未来的重逢。时光虽然残酷，却并不会吝惜，给予重逢的机会。

——朱云乔

不管你现在是在图书馆背着怎么也看不进去的英语单词，还是现在迷茫地看不清未来的方向不知道要往哪里走。不管你现在是在努力地去实现梦想却没能拉近与梦想的距离，还是已经慢慢地找不到自己的梦想，你都要去相信，没有到不了的明天。

——卢思浩

我一直喜欢下午的阳光。它让我相信这个世界任何事情都会有转机，相信命运的宽厚和美好。我们终归要长大，带着一种无怨的心情悄悄地长大。归根到底，成长是一种幸福。

——饶雪漫

最初我们迷茫，是不知道要去哪儿。知道去哪儿了，我们还迷茫，是因为不知该如何去。最终去了想去的地方，我们仍迷茫，因为我们不知道该如何留。留下了，还是迷茫，只因为我们想留得更久一点。只要在青春一天，就希望能尽力向上一点，因为每一次新的迷茫，都是一次重新振翅的开始。

——刘同

如果说，青春的美是用皮肤来表达的，是用来触摸和感知的话；那么，成熟的甚而凋败的美便是从骨头里渗透出来的了，成为一种韵味，让我们感怀，让我们疼痛。除了想念，还是想念。

——陈染

第三辑　爱是一辈子的事

人生是一场倾盆大雨，命运则是一把漏洞百出的雨伞，爱情是补丁。

——朱德庸

明知会失去自由，明知这是一生一世的合约，为了得到对方，为了令对方快乐，也甘愿做出承诺。恋爱是一个追求不自由的过程，当你埋怨太不自由了的时候，就是你不爱他的时候。

——张小娴

真正的爱是自由的选择。真正相爱的人，不一定非要生活在一起，充其量只是选择一起生活罢了。仅仅把得到别人的爱当成最高目标，你就不可能获得成功。想让别人真正爱你，恐怕只有让自己成为值得爱的人。满脑子想的只是消极接受别人的爱，就不可能成为值得爱的人。

——M.斯科特·派克

爱情是最大的冒险大赌博，输了，说不定哪一天他将那副可怕无情的面孔拿来对付我。赢了，我得到与我钟爱的人共度一生。都是这样。

——亦舒

我们很多时候把依赖当成了爱，当看到别人没有自己也活得很好的时候，内心就会莫名其妙地生气，觉得对方不爱自己了。其实真正的爱，是给对方自由，也给自己自由。

——佚名

拼命对一个人好，生怕做错一点对方就不喜欢你，这不是爱，而是取悦。分手后觉得更爱对方，没他活不下去，这不是爱情，而是不甘心。你拼命工作努力做人，生怕别人会看不起你，这不是要强，而是恐惧。许多人被情绪控制，只敢抓住而不敢放弃。但什么都不敢放弃，你活得多累。会放弃的生活才会更洒脱。

——乔薇安

真爱上一个人，女人心底会生出更多的惶恐，会日日想尽一切办法抓住他。真爱上一个人，男人心满意足、如释重负，然后去做其他自己该做的事情。女人抱怨对方给得太少，只是因为你给他的太多。所以，别总觉得他把你看得太轻，也许只是你总把他看得太重。

——佚名

你身上的温暖蛊惑了我，让我误以为那就是爱情。我手里拿着刀，没法抱你。我放下刀，没法保护你。

——久保带人

爱就是心疼。你可以喜欢很多人，但心疼的只有一个。

——周国平

放不下就是爱了，忘不了也是爱，爱情最怕什么？应该最怕时间。时间可以检验爱情，爱着的时候都说一辈子，总还嫌不够，于是对天盟誓，于是海枯石烂，但如何抵挡它如花美眷、似水流年？转眼就会平淡。甚至忘记他的长相，他的声音，甚至忘记，他的名字。

——雪小禅

恋爱时，彼此是崇拜者；交谈时，彼此是知音；得意时，彼此是吹牛对象；生气时，彼此是出气筒；困难时，彼此是咨询师；痛苦时，彼此是安慰者；病时，彼此是护理；老时，彼此是拐杖；平时，彼此各干各的，保持适度距离。

——柯云路

真正的爱，并不需要迫不及待地表白，而是要耐得住时间的折磨，始终站在所爱之人身边。明白这一点的人，也深知等待的惨烈，但不管等多久，心中永远开着不褪色、不枯萎的鲜花。这样的人比起那些心中无花的人来，却更容易被出卖和伤害。

——《生》

我一定要幸福，哪怕幸福是场表演，我也会尽力演好每一场戏。时间是最好的布景，而我将是他生命里最炫的主演，谁也无可替代。

——饶雪漫

我相信除了寂寞，缘分是男人和女人之间相爱的另一种缘由。因为缘分而使两颗寂寞的心结合的爱情称为真爱。寂寞是每时每刻，缘分是不知不觉，真爱是一生一世。

——《花样年华》

喜欢但是不爱，爱却又并不喜欢，可见喜欢与爱并不是一码事。喜欢，是看某物好甚至极好，随之而来的念头是：欲占有。爱，则多是看某物不好或还不够好，其实是盼望它好以至非常好，随之而得的激励是：愿付出。

——史铁生

爱怕犹豫。爱是羞怯和机灵的，一不留神它就吃了鱼饵闪去。爱的初起往往是柔弱无骨的碰撞和翩若惊鸿的引力。在爱的极早期，就敏锐地识别自己的真爱，是一种能力，更是一种果敢。爱一桩事业，就奋不顾身地投入。爱一个人，就斩钉截铁地追求……爱一种信仰，就至死不悔。

——毕淑敏

幸福是什么
幸福就是牵着一双想牵的手
一起走过繁华喧嚣
一起守候寂寞孤独
就是陪着一个想陪的人
高兴时一起笑
伤悲时一起哭
就是拥有一颗想拥有的心
重复无聊的日子不乏味
做着相同的事情不枯燥……
只要我们心中有爱
我们就会幸福
幸福就在当初的承诺中
我们就会幸福
就在今后的梦想里

——佚名

在这场追逐里我糊里糊涂地弄丢了我的童贞，我的初恋，还有我的江东。但值得庆幸的是，我没有因为失去的东西而向任何人求助，向任何人撒娇，向任何人妥协，我忍受了我该忍受的代价。包括我曾经以为被弄脏的爱，包括我自认为伟大其实是毫无意义的牺牲和奉献。我现在无法判断这值不值得，可是我不后悔。

——笛安

表面上并不般配的爱情，往往和谐，因为产生这样的爱情，往往有比较深刻的内在原因；表面上般配的爱情，往往并不和谐，因为产生这样的爱情的原因，仅仅是因为般配。

——汪国真

有些人一辈子相处也只是个温暖的陌路人，彼此点头问好，互相关照几句，此外，难有其他。有些人与人相识，亦可以是花开花落般淡漠平然，彼此长久没有交集，只是知道有这么一个人存在，待到遥遥一见时，却已是三生石上旧相识，昨日种种只为今日铺垫。相悦相知，没有清晰完整的理由。

——安意如

我的感情像一杯酒。第一个人碰洒了，还剩一半。我把杯子扶起来，兑满，留给第二个人。他又碰洒了。我还是扶起，兑满，留给第三个人。感情是越来越淡，但是他们每个人，获得的都是我完整的，全部的，一杯酒。

——七堇年

爱一个人就是在他的头衔、地位、学历、经历、善行、劣迹之外，看出真正的他不过是个孩子，好孩子或坏孩子，所以疼了他。

——张晓风

倘若"幸福"二字的连用，能还原成将"幸"字当作动词，应该会给那些终日自觉不幸福或是不够幸福的人一种比较踏实的感觉。道理很简单："幸福"不是一个已完成的状态，是一个渴望的过程——而且往往不会实现。

——张大春

历尽人间沧桑，阅遍各色理论，我发现自己到头来信奉的仍是古典爱情的范式：真正的爱情必是忠贞专一的。惦着一个人并被这个人惦着，心便有了着落，这样活着多么踏实。与这种相依为命的伴侣之情相比，一切风流韵事都显得何其虚飘。

——周国平

世界上没有哪对夫妻是完全契合的，也没有永远不倦的爱情，只是停停歇歇后，最初的梦想被打磨光滑后，悲观的人看到的是鹅卵石，乐观的人看到的是宝石。

——小丑鱼

不是一见钟情再则日久生情的。不是得不到的才是最好的。不是距离产生美，也不是寂寞比浪漫可靠。爱情是没有逻辑可言的，各有各的姿态，你爱了，便是爱了。

——莓果

越年长，便会逐渐对身边的人越来越淡然。很多人出现了，又消失了，犹如坐看云起云落。实在没什么可以解释说明。朋友有离有合，爱人此起彼伏，很多感情目的不纯，去向不明，对待不善。我们手里能够有的感情，归根到底是几个人的事。

——安妮宝贝

如果你开心和悲伤的时候，首先想到的，都是同一个人，那就最完美，如果开心的时候和悲伤的时候，首先想到的，不是同一个人，我劝你应该选择你想和她共度悲伤时刻的那一个，人生本来是苦多于乐。你的开心，有太多人可以和你分享，不一定要是情人，如果日子过得快乐，自己一人也很好，悲伤，却不是很多人可以和你分担。你愿意把悲伤告诉他，他才是你最想亲近和珍惜的人。

——张小娴

有时候，我多么希望能有一双睿智的眼睛能够看穿我，能够明白了解我的一切，包括所有的斑斓和荒芜。那双眼眸能够穿透我的最为本质的灵魂，直抵我心灵深处那个真实的自己，她的话语能解决我所有的迷惑，或是对我的所作所为能有一针见血的评价。

——三毛

幻想是梦的粮食，在爱情中拿走了幻想，就是取掉了爱情的粮食。爱情离开了幻想，好像人没有粮食一样。爱情需要热情的培养，不管是生理上的爱情也好，精神上的爱情也好。

——雨果

我发现，我根本没有勇气离开他。我不想再花时间，去习惯另外一个人，去接受他的好与不好，然后，再互相伤害，重复又重复。到最后，你会发现，连自己都不知道谁真正爱过自己。

——《恋人絮语》

有的幸福会荒芜，有的幸福始终温暖。人生不就是这样吗？有的人你会一直喜欢，有的人你渐渐不再喜欢了。有的爱始终相守，有的爱无法善终。一切一切，都在告诉你尘世间的无常变幻与不可把握。

——张小娴

爱情是神话，可是不是童话。我这么想着的时候突然觉得我再也不是从前的宋天杨。我紧紧地，搂着他。他的眼泪沾湿了我的毛衣。我并不是原谅他，并不是纵容他，并不是在用温柔胁迫他忏悔。我只不过是在一瞬间忘记了他伤害过我，或者说，在我发现我爱面前这个人的时候，因他而起的屈辱和疼痛也就随着这发现变得不那么不堪。爱是夕阳，一经它的笼罩，最肮脏的东西也成了景致，也有了存在的理由。

——笛安

这一首离别的歌
我用心唱了又唱
如果你听不懂我的倔强
听懂了怀念也是一样
就算我失去了翅膀
就算我再也不能飞翔
就算你永远都不会知道
我还是像从前一样的痴狂
让这首离别的歌
在夜里反复地播放就算星星睡着月亮变卦
你还是不准将它遗忘
当你有一天白发已如霜
会不会忽然地想起
我们真的真的爱过啊

小小的爱人
一生的光

——饶雪漫

爱,到底是什么东西,为什么那么辛酸,那么苦痛,只要还能握住它,到死还是不肯放弃,到死也是甘心。

——三毛

高难度的爱情,是月色、诗歌、三十六万五千朵玫瑰,加上永恒;高难度的婚姻,是账簿、证书、三十六万五千次争吵,加上忍耐;高难度的人生,是以上两者皆无。

——朱德庸

爱情是生命的桂冠,摇摆就会让它落地,因为我们的灵魂没有爱情,生活下去就会很消沉。所以,要修正人格,昂起爱情的头颅,自然会时时爱戴你所爱的人。爱情是两颗心撞击的火花,爱情的法则是奉献,爱情的桥梁是忠诚,爱情的灯塔是恒久,爱情是智慧的最高艺术,爱情的脚步无法阻挡!

——张荣寰

爱,本来就是对爱的对象的全部接受,即包括爱对方的身体或心理或才能等各方面的缺陷,爱是没有附加条件的。

——陈祖芬

爱情是一场注定的潮水,而自己就是一叶随时等待靠岸的小舟。潮来潮去,随波逐流,载沉载浮,在劫难逃。

——饶雪漫

真正的爱情，不是付出全部，而是让自己成为更好的人。爱一个人没有回应，与其乞讨爱情，不如骄傲地走开。在爱情里，最在乎的一方，最后往往输得最惨。找个让你开心一辈子的人，才是爱情的目标。最好的，往往就是在你身边最久的。所以，选爱人不需要太多标准，只要这三样：不骗你，不伤害你，和陪着你。

——佚名

爱情，这是一种不断的、绝对的、完全的牺牲，但是，它不是结合双方中一方的牺牲，而是心甘情愿合为一体的两个心灵所表现的赤诚的无私。

——大仲马

真正的爱情不仅要求相爱，而且要求相互洞察对方的内心世界。一个人满足于别人因其外表诱人，因其聪明才智和丰富的美学需求而爱他；他希望的是，他所爱的人能珍视他的思想。

——苏霍姆林斯基

爱情如并蒂的樱桃，是结在同一茎上的两颗可爱的果实，身体虽然分开，心却只有一个。

——莎士比亚

从仇恨到爱，到最疯狂的爱，中间只隔着一根头发。

——陀思妥耶夫斯基

这个世界，什么都古老，只有爱情，却永远年轻；
这个世界，充满了诡谲，只有爱情，却永远天真。
只要有爱情，鱼在水中游，鸟在天上飞，黑夜也透明；
失去了爱情，像断了弦的琴，没有油的灯，夏天也寒冷。

——艾青

铭刻在心灵深处的东西,是会超越时间和空间施加于人的限制。我们虽然分开了,却依然在一起;您和我是两个人,却又是一个人,为相互的爱永远焊接在一起的一个人。

——斯莱克

我们钟情于一个女人时,只是将我们的心灵状态投射在她的身上;因此,重要的不是这个女人的价值,而是心灵的深度;一个平常少女赋予我们的激情,可以使我们心灵深处最隐蔽、最有个人色彩、最遥远、最本质的部分上升到我们的意识中来。

——马塞尔·普鲁斯特

风决定了蒲公英的方向,你决定了我的悲伤。

——饶雪漫

友谊和爱情之间的区别在于:友谊意味着两个人和世界,然而爱情意味着两个人就是世界。

——泰戈尔

我不再爱她,这是确定的,但也许我爱她。爱情太短,而遗忘太长。

——聂鲁达

寒夜中,两只觅食的狼,饥饿到了极点,发现同类血肉原来也可充饥,所以彼此撕咬。两个相爱的人,在一起,如若不为终生相守,那必为一场厮杀,红男绿女,假爱为名,歇斯底里,直到,两败俱伤,苟延残喘。

——乐小米

爱情是一种生存的愿望。有谁能说，他能够并且要去反对生存愿望呢？我觉得，真正的爱情像信仰一样，需要天真。一朵花在含苞未放的时候是不应该去摘的，要不然，这朵花既不会散发香味，也不会结出果子来。

——高尔基

爱的火焰既然能将一副胸臆深处的片片余烬重新点燃，或被一颗芳心所迸发的流逸火花所触发，必将烈焰煊赫，愈燃愈大，直到后来，它的温暖与光亮必将达到千千万万的男女，达到一切人们的共同心灵，以致整个世界与整个自然都将受到它煦和光辉的熙熙普照。

——爱默生

茫茫人海中谁遇见了你，你邂逅了谁；谁错过了你，你注意了谁；谁陪你走了一程，你陪谁过一生？一路上的行走，你会遇上很多人也许是陪你走一站的，也许只是一个过客，于是生命中留下了许多逗号，一段经历一个逗号，一段感情一个逗号，一段付出一个逗号，无数个逗号的等待，只为最终那个句号。

——佚名

爱情总在那一瞬间，敲开我禁闭的心门，让我的心如樱花般绽放。但此时的我一片心酸，移目远望，是那过往的芬芳。停泊在那荒芜的渡口，如今只留下芳草萋萋，旧日的芬芳早已离去。西天的红霞渐渐垂下，眼前但见烟水浩渺，我的一番深情，已如逝水亘古长流，难觅踪影。

——苏伦

相爱人双方的思想、感情互相渗透得越深，在他们面前展现出来的性爱变得高尚的精神世界和审美世界就越丰富、越美丽。只有精神交往达到这样的程度，心爱的人的性关系才会是一种莫大的幸福，因为它不完全是追求在肉体上的占有，而是因为心爱的人的外貌使其想得到他（她）的丰富的内存的精神世界。

——苏·霍姆林斯基

爱情是股纯洁的泉水，它从长着水芹和花草、充满砂砾的河床出发，在每次于泛滥中改变性质和外形，或成小溪，或成大河，最后奔流到汪洋大海中，在那里，精神贫乏的人只看见它的单调，心灵高尚的人便沉溺于不断地默想中。

——巴尔扎克

在前生之前，花月静好。我们可以安然地待在一起，不受任何外物的支配和干扰。可是命运突然掉头而行，路上出现巨大罅隙。人的一生被折断，灵魂落在前生，身体跌进后世。相爱太艰难，两处长相忆，唯有心香一瓣，记取前生。

——安意如

喜欢一个人，是不会有痛苦的。爱一个人，也许有绵长的痛苦，但他给我的快乐，也是世上最大的快乐。

——张小娴

两人再相爱，乃至结了婚，他们仍然应该有分居和各自独处的时间。分居的危险是增加了与别的异性来往和受诱惑的机会，取消独处的危险是丧失自我，成为庸人。后一种危险当然比前一种危险更可怕。与其平庸地苟合，不如有个性而颠簸，而离异，而独身。何况有个性是真爱情的前提，有个性才有爱的能力和被爱的价值。好的爱情原是两个独特的自我之间的互相惊奇、欣赏和沟通。在两个有个性的人之间，爱情也许会经历种种曲折，甚至可能终于失败，可是，在两个毫无个性的人之间，严格意义上的爱情根本就不可能发生。

——周国平

爱情既是在异性世界中的探险，带来发现的惊喜，也是在某一异性身边的定居，带来家园的安宁。但探险不是猎奇，定居也不是占有。毋宁说，好的爱情是双方以自由为最高赠礼的洒脱，以及决不滥用这一份自由的珍惜。

——饶雪漫

爱可以是一瞬间的事情，也可以是一辈子的事情。每个人都可以在不同的时间爱上不同的人。不是谁离开了谁就无法生活，遗忘让我们坚强。

——安妮宝贝

婚姻是一种生活方式，而并非结局。
爱情同样也是一种生活方式，而非理想。
所以，对他们而言，爱情是可以被替代的，
或许，也是宁愿被替代的。

——安妮宝贝

爱情原来是很像我们去观望的一场烟花。
它绽放的瞬间，充满勇气的灼热和即将幻灭的绚烂，
我们看着它，想着自己的心里原来有这么多的激情。
后来烟花熄灭了，夜空沉寂了，我们也就回家了。
就是如此。

——安妮宝贝

不知道从什么时候开始，在什么东西上面都有个日期，秋刀鱼会过期，肉罐头会过期，连保鲜纸都会过期，我开始怀疑，在这个世界上，还有什么

东西是不会过期的？如果记忆是一个罐头的话，我希望这一个罐头不会过期；如果一定要加一个日子的话，我希望是"一万年"。

——《重庆森林》

如果情感和岁月也能轻轻撕碎，扔到海中，那么，我愿意从此就在海底沉默……你的言语，我爱听，却不懂得；我的沉默，你愿见，却不明白……

——张小娴

感情有时会如小孩，淘气迷路，然而本性是纯良的。只要你能够用等待一树花开的平静之心，静候它的回归，某天它欠你的，一定会以你不自知的方式悄悄偿还。

——安意如

狐狸说："对我而言，你只不过是个小男孩，就像其他千万个小男孩一样。我不需要你，你也同样用不着我。对你来说。我也只不过是只狐狸，就跟其他千万只狐狸一样。然而，如果你驯养我。我们将会彼此需要，对我而言，你将是宇宙唯一的了，我对你来说，也是世界上唯一的了。"

——安托万·德·圣·埃克苏佩里

若早知与你只是有缘无分的一场花事。在交会的最初，按捺住激动的灵魂，也许今夜我就不会在思念里沉沦。可惜我们不是圣人，不能清心寡欲。拒绝一场花事，荼蘼心动，可以那么简单轻快么？

——安意如

不能见面的时候，他们互相思念。可是一旦能够见面，一旦再走在一起，他们又会互相折磨。

——张小娴

人生似一场聊斋艳遇，走进去的时候看见周遭花开成海，灯下美人如玉，一觉醒来，发现所处的地方不过是山野孤坟，周围灵幡残旧、冥纸惶惶，内心惊迥。红楼里那场爱这样，世间的爱，收梢都是这样。只是寻常人不被惊起，就习惯在坟墓里安然睡到命终。

——安意如

如此情深，却难以启齿。原来你若真爱一个人，内心酸涩，反而会说不出话来，甜言蜜语，多数说给不相干的人听。

——亦舒

对于灵魂的相知来说，最重要的是两颗灵魂本身的丰富以及由此产生的互相吸引，而决非彼此的熟稔乃至明察秋毫。

——周国平

爱情从希望开始，也由绝望结束。死心了，便是不再存在着任何我曾经对你有过的希望。

——张小娴

对于爱情，年是什么？既是分钟，又是世纪。说它是分钟是因为在爱情的甜蜜之中，它像闪电一般瞬息即逝；说它是世纪，是因为它在我们身上建筑生命之后的幸福的永生。

——雨果

有时候，女人的犹豫乃至抗拒是一种期望，期望你来攻破她的堡垒。当然，前提是"意思儿真，心肠儿顺"，她的确爱上了你。她不肯投降，是因为她盼望你作为英雄去辉煌地征服她，把她变成你的光荣的战俘。

——周国平

爱从来不是清浅的,那里面有成全,也有忍耐,有付出,也有等待,爱是初次遇见怦然心动,是百转千回依旧挂念,是颠沛流离时还在身边,爱是一个诺言,也是一场盛宴。爱有时候是对人性的最大考验。

——佚名

爱情只有自由自在时,才会叶茂花繁。认为爱情是某种义务的思想只能置爱情于死地。只消一句话:你应当爱某个人,就足以使你对这个人恨之入骨。

——罗素

好多年了,你一直在我的伤口中幽居,我放下过天地,却从未放下过你,我生命中的千山万水,任你一一告别。世间事,除了生死,哪一桩不是闲事。

——仓央嘉措

爱情不会因为理智而变得淡漠,也不会因为雄心壮志而丧失殆尽。它是第二生命;它渗入灵魂,温暖着每一条血管,跳动在每一次脉搏之中。

——艾迪生

一份爱情的生存时间或长或短,但必须有一个最短限度,这是爱情之为爱情的质的保证。小于这个限度,两情无论怎样热烈,也只能算作一时的迷恋,不能称作爱情。

——饶雪漫

爱情是一片炽热狂迷的痴心,一团无法扑灭的烈火,一种永不满足的欲望,一份如糖似蜜的喜悦,一阵如痴如醉的疯狂,一种没有安宁的劳苦和没有劳苦的安宁。

——理查·德·弗尼维尔

那种用美好的感情和思想使我们升华并赋予我们力量的爱情，才能算是一种高尚的热情；而使我们自私自利，胆小怯弱，使我们流于盲目本能的下流行为的爱情，应该算是一种邪恶的热情。

——乔治·桑

真正的爱情是专一的，爱情的领域是非常狭小的，它狭到只能容下两个人生存；如果同时爱上几个人，那便不能称作爱情，它只是感情上的游戏。

——席勒

美人并不个个可爱，有些只是悦目而不醉心。假如见到一个美人就痴情颠倒，这颗心就乱了，永远定不下来；因为美人多得数不尽，他的爱情就茫茫无归宿了……

——塞万提斯

痴心女子把爱当作宗教，男子是她崇拜的偶像。风流女子把爱当作艺术，男子是她诱惑的对象。二者难以并存。集二者于一身，"一片赤诚心，万种风流相"，既怀一腔痴情，又解万种风情，此种情人自是妙不可言，势不可当。那个同时受着崇拜和诱惑的男子有福了，或者——有危险了。

——周国平

相爱时，我们将自己置身于或痛苦或幸福的两种可能中，但那时彼此已经忘记了自我的存在，而身属另一个宇宙，在这里，诗歌环绕，生活是一片充满激情的疆域，痛苦或是幸福正是在此时或多或少地向我们走近。

——普鲁斯特

没有太阳，花朵不会开放；没有爱便没有幸福；没有妇女也就没有爱，没有母亲，既不会有诗人，也不会有英雄。

——高尔基

爱是火热的友情，沉静的了解，相互信任，共同享受和彼此原谅。爱是不受时间、空间、条件、环境影响的忠实。爱是人们之间取长补短和承认对方的弱点。

——安恩·拉德斯

爱情之中高尚的成分不亚于温柔的成分，使人向上的力量不亚于使人萎靡的力量，有时还能激发别的美德。

——伏尔泰

当两人之间有真爱情的时候，是不会考虑到年龄的问题、经济的条件、相貌的美丑、个子的高矮等等，外在的、无关紧要的因素的。假如你们之间存在着这种问题，那你要先问问自己，是否真正在爱才好。

——罗兰

爱情，这不是一颗心去敲打另一颗心，而是两颗心共同撞击的火花。

——伊萨可夫斯基

第四辑　若人生只如初见

成熟的感情都需要付出时间去等待它的果实。但是我们一直欠缺耐心，有谁会用十年的时间去等一个远行的人？有谁会在十年远行之后，仍然想回头找到那个人？

——安妮宝贝

你站在桥上看风景，看风景的人在楼上看你。明月装饰了你的窗子，你装饰了别人的梦。

——卞之琳

每个人心里都有一团火，路过的人只看到烟。但总有一个人，总有那么一个人能看到这团火，然后走过来，陪我一起……我带着我的热情，我的冷漠，我的狂暴，我的温和，以及对爱情毫无理由的相信，走得上气不接下气。我结结巴巴对她说：你叫什么名字。从你叫什么名字开始，后来，有了一切。

——梵高

不管你对多少异性失望，你都没有理由对爱情失望。因为爱情本身就是希望，永远是生命的一种希望。爱情是你自己的品质，是你自己的心魂，是你自己的处境，与别人无关。

——史铁生

很高兴，我不认识你。很高兴，你是我生命中路过的陌生人。很高兴，对于你，我不需要伪装。因为，我们很陌生。生命中，我们总是遇见了很多这样或那样感动我们的人。然后，我们相识、相知、相爱、相熟、相吵、相离。

——《你好，陌生人》

故事从开始，便注定了是一场无望的静静凝视。遥远而清冷的彼岸花，深刻而杳渺的梦。只是，会是一生吗？

——乐小米

我遇见了猫在潜水，却没有遇见你；我遇见了狗在攀岩，却没有遇见你；我遇见夏天飘雪，却没有遇见你；我遇见冬天刮台风，却没有遇见你。甚至我遇见的猪都会结网了，却没有遇见你。我遇见了所有的不平凡，却没有遇见平凡的你。

——几米

美丽的梦和美丽的诗一样，都是可遇而不可求的，常常在最难以料到的时刻里出现。我喜欢那样的梦，在梦里，一切都可以重新开始，一切都可以慢慢解释，心里甚至还能感觉到，所有被浪费的时光竟然都能重回时的狂喜与感激。胸怀中满溢着幸福，只因你就在我眼前，对我微笑，一如当年。好像你我初次相遇。

——席慕蓉

有时候你最想要的东西偏偏得不到，有时候你最意想不到的事却发生了。你每天遇到千万人，没有一个真正触动你的心，然后你遇到一个人，你的人生就永远改变。

——《爱情与灵药》

任何一种环境或一个人，初次见面就预感到离别的隐痛时，你必定爱上他了。

——黄永玉

我觉得人与人都是缘分，缘分一旦完了，再怎么强求都是无济于事的，那只会让别人觉得是个笑话。我从来都只在乎灯光下我受了多少伤，可我却一直都没看到，在我身后的灯光没有照到的地方，有多少等待我的幸福。

——郭敬明

因为我知道你是个容易担心的小孩，所以我将线交你手中却也不敢飞得太远。不管我随着风飞翔到云间我都希望你能看见，就算我偶尔会贪玩了迷了路也知道你在等我。

——郭敬明

爱是一把手中的细沙，握得越紧，流得越快，最后，会一无所有。爱情的最初，有青木瓜的味道，有淡淡的香和青涩，到浓烈时，就感觉不到涩了，到最后，又会回到原来的淡淡的香。

——佚名

我们后来怨的，常是最初爱的。东西没变，环境变了；景色没变，眼睛变了；别人没变，自己变了。只是当我们怨的时候，请回头想想当初为什么选他、爱他、欣赏他。他如果依然是当初的那个他，就让我们用年轻时的眼睛，试着再看看吧。

——刘墉

他说，在哪儿走失的，我一定会在哪儿一直等到你回来。那一刻她才知道，也许，正是为着他的不完美，她才更爱他。

——木浮生

一年三百六十五天，黑夜占据了一半，阴雨天占据了一些，晴天终究是少数，包括我的内心也有阴暗的部分。光明无法击败所有的黑暗，就像阳光无法照亮每一个角落，善良无法冲去所有的恶意，真诚也无法解释所有的误解。旅途里不要被坏天气牵绊了，前行吧朋友，你总会遇上心上人。

——韩寒

你不是爱情的终点，只是爱情的原动力。我将这爱情献给路旁的花朵，献给玻璃酒杯里摇晃着的晶亮阳光，献给教堂的红色圆顶。因为你，我爱上了这个世界。

——赫尔曼·黑塞

离你最近的地方，路途最远，最简单的音调，需要最艰苦的练习。旅客要在每个生人门口敲叩，才能敲到自己的家门，人要在外面到处飘流，最后才能走到最深的内殿。我的眼睛向空阔处四望，最后才合上眼说："你原来在这里！"

——泰戈尔

世上最心痛的感觉，不是你冷漠地说你已不在意，而是你放手了，我却永远活在遗憾里，不能忘记！但，谁会带你来到人世，会遇到谁，谁给你呵护，谁给你冷漠，谁伤害你，都是未知的，只有发生时，谜底才会揭开。逃不过，只有迎接，只能迎接。

——佚名

想起某些曾经遇见，未必能再遇见，甚至永不可见的人，像季风过境。午夜梦醒，记忆芳菲。你，曾经遇见谁？带着思念，穿越漫长的冬季，拥抱春花烂漫。如果声音不记得,那是不是青春和我们捕影捉风。那些生命中温暖而美好的事情。我们,一起怀恋。

——落落

夕阳弥漫在高中教室里,美的不是温暖的夕阳,而是从我的视角看过去的,你曾经的桌椅。玻璃窗外狂走着沙石,美的不是疾卷的风,而是从我的视角看过去,你曾经站立的位置。铁丝网分隔着被白雪覆盖的操场,美的不是纯洁的白雪,而是我曾站在那里,一转头,就看见了你。在我的眼里,天气没有好坏之分,那些有特殊意义的全是因为曾经有你。气象殊异,可于我而言,你永远是你。

——夏茗悠

遇见有很多种。最惊喜的一种是,某个人先一步说出了你想说的话。交谈有很多种。最奇妙的一种是,虽一言未发,仅仅是听,却已觉诉尽了心声。——能让你说个痛快的人很多,能让你听得动容的人很少。人海中漫长的找寻,不过是为找到那个让你情愿用耳朵去恋爱的人!

——苏芩

爱不是一种情感,而是为自己和他人的精神成长而做的精神投入。爱是一种意志和选择。所以坠入情网不是爱,父母对小孩的宠溺不是爱,某些忠诚也不是,因为这些不是精神成长。这些是精神投入,它们可能是爱的开端,但不是爱本身。爱的精髓是约束、平衡和放弃。

——史考托·佩克

我,是一朵盛开的夏莲,多希望,你能看见现在的我。风霜还不曾来侵蚀,秋雨还未滴落,青涩的季节又已离我远去,我已亭亭,不忧,亦不惧。现在,正是最美丽的时刻,重门却已深锁。在芬芳的笑靥之后,谁人知我莲的心事!无缘的你啊,不是来得太早,就是,太迟……

——席慕蓉

爱我,不是因为我美好,这世间原有更多比我美好的人。爱我,不是因为我的智慧,这世间自有数不清的智者。爱我,只因为我是我,有一点好、有一点坏、有一点痴的我,古往今来独一无二的我,爱我,只因为我们相遇。

——张晓风

一直都在寻找你,寻找的路上独自一人,尽管有信念,还是会觉得孤独、失落。有一天,忽然明白,相对于"你",我要先找到"我"。因为我不确定会和你一起多久,但是却要面对自己很久很久。至于你,也许在天边,也许离遇到你的那天还很远,这些我都不怕。

——安东尼

我只后悔一件事情。我后悔没有早一点遇上你,让你吃了很多苦,而我自己走了许多冤枉路。

——匪我思存

我认识你,永远记得你。那时候,你还很年轻,人人都说你美,现在,我是特来告诉你,对我来说,我觉得现在你比年轻的时候更美,那时候你是年轻女人,与你那时的面貌相比,我更爱你现在备受摧残的面容。

——杜拉斯

每个女孩的生命里都曾经有这样一个男孩。他不是前男友,不是蓝颜知己,比朋友多一些回忆,比爱情少一些心跳。但是,在很久以后,我们也许不再会回忆起轰轰烈烈地爱过谁,也不再会想起痛彻心扉地为谁哭泣,却会永远记得，那个错过的男孩，站在校门口略显单薄的身影。

——叶之轩

现在我们能够做的，是找一个静静的地方，让自己静静地思考，明白该如何做，才能够不让珍贵的东西、重要的人再次失去，明白该如何做，同样的错误不会再次发生。从中吸取经验，吸取力量，继续坚定地前行，寻找喜欢的东西，碰到真爱的人，去做正确的事。

——席慕蓉

情感是心的眼睛。智慧是其中一只，慈悲是另一只。当我们过度钟情的时候，一只眼瞎了。当我们怀恨的时候，另一只眼瞎了。一个爱恨强烈的人，两眼会处于半盲状态。在我们有更广大的爱时，在我们连可恨的人都能生起无私的悲悯时，心的眼睛就会清明，有如晨曦中薄雾退去的湖水。

——林清玄

我一直以为初恋不是爱，起码不懂爱，可如今想来爱又何必要懂呢？最是初恋时的爱，这样才让人惦记、想念、不忘却。更或许只有初恋才是爱，因为不懂，所以才费了心思，用尽情思。

——九夜茴

我爱你，因为你穿越我心灵的旷野，如同阳光穿透水晶般容易：我的傻气，我的弱点，在你的目光里几乎不存在；而我心里最美丽的地方，却被你的光芒照得通亮。别人都不曾费心走那么远，别人都觉得寻找太麻烦，所以没人发现过我的美丽，所以没人到过这里。

——罗伊·克里夫特

成熟的爱，其高潮就是共筑爱巢和努力避免日常生活的龃龉导致爱情的破裂。不成熟的爱不接受妥协，而一旦我们拒绝妥协，就踏上了迈向终点的不归路。

——阿兰·德波顿

我们在某个时空交接，或擦肩而过，或相遇相爱，或是离别之后被思念折磨。在相爱之前，也许我们曾经相遇。相聚的每一刻，就是将来。
纵使有一天，我们分开了，天涯各处，我们仍然是在一起的。

——张小娴

一念花开，一念花落。这山长水远的人世，终究是要自己走下去。人在旅途，要不断地自我救赎。不是你倦了，就会有温暖的巢穴；不是你渴了，就会有潺潺的山泉；不是你冷了，就会有红泥小火炉。每个人的内心，都有几处不为人知的暗伤，等待时光去将之复原。

——白落梅

你出现在我的生命之中，原是为了陪我走一段路，看着我成长。你离我而去，也只是为了成全我，让我独自承担自己的生命，体现我在你身上所领悟的一切，清洁勇敢如新生。我们生存于这世上，忧喜参半，有更多的事情，分不清其哀乐。让我们走向各自的方向，无论结果如何，心中不会有悔。

——钟晓阳

原来岁月并不是真的逝去，它只是从我们的眼前消失，却转过来躲在我们的心里，然后再慢慢地来改变我们的容貌。所以，年轻的你，无论将来会碰到什么挫折，请务必要保持一颗宽谅喜悦的心，这样，当十几年以后，我们再相遇，我才能很容易地从人群中把你辨认出来。

——席慕蓉

你，从未忘记过你的初恋。有些人平庸，有些人绚烂；有些人朴实无华，有些人光芒万丈；有些人金玉其外而败絮其中。但是，你总会遇到一些人，由内而外地散发着彩虹般的光芒，一旦遇见过，别人对你来说都不过是浮云。

——《怦然心动》

这个世界上最真挚、最洁净、最让人心酸的情感就是暗恋。默默地关注一个人，静静地期盼一份可能永远也不会降临的感情，不让对方知道，也不对世人公布，在深邃的月光下，看得见对方的身影，却摸不到对方飘动的衣袂，闻得着对方身上淡淡的芬芳，却不能去轻抚。

——佚名

所有处在恋爱年龄的女孩子，总是分成两派：一派说，爱对方多一点是幸福的；另一派说，对方爱我多一点，才是幸福的。也许，我们都错了。爱的形式与分量从来不是设定在我们心里，你遇上一个怎样的男人，你便会谈一段怎样的恋爱。

——张爱玲

少年时追求激情，成熟后却迷恋平静，在我们寻找、伤害、背离之后，还能一如既往地相信爱情，这是一种勇气。每个人都有属于自己的一片森林，迷失的人迷失了，相逢的人会再相逢。

——村上春树

刚开始的时候，他什么都不介意。不介意你的过去，不介意你的坏脾气。然后有一天他开始介意，他不是那么情深地说过不介意吗？谁知道，时日过去，他忘记了自己所说的一切。人在得不到的时候，什么都可以不介意。得到之后，什么都有点介意。这是爱情，希望你不要太介意。

——张小娴

你要相信世界上一定有你的爱人，无论你此刻正被光芒环绕、被掌声淹没，还是你正孤独地走在寒冷的街道上，被大雨淋湿，无论是飘着小雪的清晨，还是被热浪炙烤的黄昏，他一定会穿越这个世界上汹涌的人群，他一一地走过他们，走向你。他一定会找到你。你要等。

——郭敬明

于千万人之中遇见你所要遇见的人，于千万年之中，时间的无涯的荒野里，没有早一步，也没有晚一步，刚巧赶上了，没有别的话可说，唯有轻轻地问一声："噢，你也在这里？"

——张爱玲

第一次哭是因为你不在，第一次笑是因为遇到你，第一次笑着流泪是因为不能拥有你。

——柏拉图

如果我爱你，而你也正巧地爱我。你头发乱了的时候，我会笑笑地替你拨一拨，然后，手还留恋地在你发上多待几秒。但是，如果我爱你，而你不巧地不爱我。你头发乱了，我只会轻轻地告诉你，你头发乱了喔。这大概是最纯粹的爱情观，如若相爱，便携手到老；如若错过，便护他安好。

——村上春树

谁都希望遇到这样的人：当你被冤枉时，他相信你。当你被诋毁时，他支持你。当你正失意时，他陪着你。可生活总让你遇到这样的人：当你被冤枉时，他质疑你。当你被诋毁时，他冷视你。当你正失意时，他远离你。——世上最遥远的距离是："真的吗？！"世上最亲近的距离是"我信你"！

——苏芩

亲爱的骑士啊，抱歉我是这样的女生，不够温柔，不够美丽，不够柔弱，不够听话，不是所有的姑娘都会为了求一个安稳而放弃自己的个性和自尊生活的。前方的路那么凶险，别人不够爱的时候，我们选择爱自己更多。抱歉，我就是这样的女生，并且不求你原谅。

——刘小昭

如果爱上，就不要轻易放过机会。莽撞，可能使你后悔一阵子；怯懦，却可能使你后悔一辈子。

——柏拉图

初见即是收梢，不用惋惜，不要落泪。留得住初见时心花无涯的惊艳，才耐得住寂寞终老。

——安意如

冬天的枝叶飘忽无迹，只有伤感在游骋，随之四处流离。万物已凋零，唯有梅花横斜在清水之上，在黄昏中散发着迷人的淡淡芳香。雪莱的诗集已在手中泛黄，少年时为你写下的诗篇已老去，你深情的一瞥，已成为我生命中最美丽的回忆。

——苏伦

既然爱，为什么不说出口，有些东西失去了，就再也回不来了！

——柏拉图

在这个世界上，你就爱一种东西，你就在你爱这个东西时把自己练到完美，练到无懈可击。你因此寻得满足，此外的一切其实无足轻重。就这样，你变得坚强，足以抵抗不时倾巢而来的寂寞；你变得勇敢，你学会拒绝周遭的喧哗与热闹；你学会简单而严肃，你形成一种风格，唯你独有。

——刘大任

断桥边，夕阳下，远方的女孩在等待，等待我的悄然归临。我将踏上悠悠的归船，满怀心中的爱意，伴随着盈盈碧波。在静谧安宁的夜，流入她的梦境里。

——苏伦

死亡，这人世最大的障碍和恐惧。它不仅没有分开我们，反而拉近了我们的距离。本来，我是居于我的躯壳之内，我再与你近，也是隔了我的身体同你说话。可是，死亡化去了我的形迹，我们之间再没有任何阻隔，我也再不用恐惧时间，我不会老去，不会病痛，已经消失就不会再消失。在你的记忆、你的身体内，我如花飞旋，一年一年地轮回再生。他生他世里，我仍在初见的地方静候你。

——安意如

话音犹在耳边，久久回响，可是人在何方？往事历历在目，我在你心中，你却不在我身旁！关山重重，你可是一缕魂魄随风飘荡？万里江河，我却不能做一叶扁舟扬帆起航……我曾有过的野心，我曾有过的愿望，已在今日尽数实现。你为我历尽艰辛，让我站在顶峰不负众望。可当我赢尽世间一切，却再也寻不到你一丝芬芳。今日如同昨日，明朝也是如今，你，是不是会化作一缕清风，陪着我再叹世事无常……

——温筱晴

梦境里的你，是如此的动人。如淡淡的轻烟，飘荡在我记忆里的断层。我渴望与你相遇，将幻想化成平凡世界里的美丽。

——苏伦

我们中很少有人懂得爱情就是柔情，而柔情并不像大部分人猜想的那样，柔情不是怜悯。爱情幸福并不是将所有的感情都集中在对方身上，但知道这一点的人更少了。一个人总是爱很多的东西，而爱人必须只成为这些东西的象征。

——杜鲁门·卡波特

难以忘却初次见你，你脉脉流动的双眸，宛如在水中荡漾，闪烁着异样的芬芳。在静谧安宁的夜，荡开我那忧郁平静的心房。我那沉郁已久的情意，重新燃起爱的火光。你的一颦一笑在我心间，从此留下不可泯灭的痕迹。你的一举一动，漾开我隐蔽已旧的由衷。难以忘却初次见你时，那飘逸的柔发，娇美的姿容。你似天上飘来一抹云彩，为我苍白单调的心间，涂上一幅异彩纷呈的画面。你迷人的笑靥，像花心的一缕香，在这长夜里大放异彩。两潭渊深的清波，在我心头荡漾，一掬惬意的温存，激起我心潮起伏的浪花。

——苏伦

第五辑 大好时光，莫辜负

没有永恒的夜晚，没有永恒的冬天，一切都会过去，但一切也都会重来。正如明天不一定会更好，但是它一定会来。当你再奢望明天的时候，也许最好的昨天正悄悄地离你而去，再也回不到昨天。

——佚名

时钟随着指针的移动嘀嗒在响："秒"是雄赳赳气昂昂列队行进的兵士，"分"是士官，"小时"是带队冲锋陷阵的骁勇的军官。所以当你百无聊赖，胡思乱想的时候，请记住你掌上有千军万马；你是他们的统帅。检阅他们时，你不妨问问自己——他们是否在战斗中发挥了最大的作用。

——菲·蔡·约翰逊

上帝给每个人同样的时间，只有那事半功倍的人能有过人的成就，也只有知道计划的人能够事半功倍。

——刘墉

人们说生命是很短促的，我认为是他们自己使生命那样短促的。由于他们不善于利用生命，所以他们反过来抱怨说时间过得太快；可是我认为，就他们那种生活来说，时间倒是过得太慢了。

——卢梭

不能善待时间的人，不一定就是不知时间之宝贵的人。试问，谁又不曾有过为珍惜时间而痛下决心的经历呢？所不同的是，有的人珍惜时间的热度只能维持三分钟、三天，或者三个月；有的人则能持续一年、几年、十几年；只有极少数人才能够几十年如一日。

——佚名

时间是一位可爱的恋人，对你是多么的爱慕倾心，每分每秒都在叮嘱，劳动、创造，别虚度了一生。

——于沙

每天不浪费或不虚度或不空抛的那一点点时间，即使只有五六分钟，如得正用，也一样可以有很大的成就。游手好闲惯了，就是有聪明才智，也不会有所作为。

——雷曼

时间无限缓慢，又无限迅疾。若要浪费它，就必须不留余地。我们竟如此的贪恋不甘。

——安妮宝贝

时间是我的财产，我的田亩是时间。

——歌德

没有春发、夏荣，怎会有秋天的丰收；不经过长期的奔波、历练，怎能感悟人生的真谛。对于每一个人来说，过去的已经无法挽回，未来的还犹待于把握。无论自己现在几何，都应该做善待时间的有心人。

——佚名

我们一辈子拥有的时间不是无限的，我们能够做的事情也不是无限的，所以在不断探索世界、扩大眼界、博览群书、广泛涉猎的同时，能够让自己专注起来，一心一意熟读几本书、一心一意学习一个专业、一心一意做成一个事业，未尝不是一件无比幸福的事情。

——佚名

你若是爱千古，你应该爱现在；昨日不能唤回来，明日还是不实在；你能确有把握的，只有今日的现在。

——爱默生

浪费时间是所有支出中最奢侈及最昂贵的。

——富兰克林

昨天很重要，它构建了我们的记忆；明天很重要，它让我们有了憧憬和梦想。但最重要的，还是今天，是我们今天要做的一切。人生苦短，我们要告诉自己：怀着积极心态过好每一个今天；学会给心灵疗伤，不要躲藏在昨天的阴影中。

——佚名

人们常觉得准备的阶段是在浪费时间，只有当机会真正来临，而自己没有能力把握的时候，才能觉悟自己平时没有准备才是浪费了时间。

——罗兰

昨天是一张作废的支票，明天是一张期票，而今天则是你唯一拥有的现金——所以应当聪明地把握。

——李昂斯

我们可以度过美好时光，也可以虚度光阴，但我希望你活得精彩。我希望你能看到令你惊叹的事物，我希望你体会从未有过的感觉，我希望你遇见具有不同观点的人，我希望你的一生能让自己过得自豪。如果你发现你的生活并非如此，我希望你能有勇气重新来过。

——佚名

必须记住我们学习的时间是有限的。时间有限，不只由于人生短促，更由于人的纷繁。我们应该力求把我们所有的时间用去做最有益的事。

——斯宾塞

我愿意手拿帽子站在街角，请过路人把他们用不完的时间投在里面。

——贝伦森

如果青春的时光在闲散中度过，那么回忆岁月将会是一场凄凉的悲剧。

——张云可

只要我们能善用时间，就永远不愁时间不够用。

——歌德

当许多人在一条路上徘徊不前时，他们不得不让开一条大路，让那珍惜时间的人赶到他们的前面去。

——苏格拉底

人之所以悲伤，是因为我们留不住岁月；而更无法面对的是有一日，青春，就这样消逝过去。

——三毛

不管饕餮的时间怎样吞噬着一切，我们要在这一息尚存的时候，努力博取我们的声名，使时间的镰刀不能伤害我们；我们的生命可以终了，我们的名誉却要永垂万古。

——莎士比亚

金钱与时间是人生两样最沉重的负担。最不快活的就是那些拥有这两样东西太多，多得不知怎样使用的人。

——约翰

一个人若能对每一件事都感兴趣，能用眼睛看到人生旅途上、时间与机会不断给予他的东西，并对于自己能够胜任的事情，决不错过，在他短暂的生命中，将能够撷取多少的奇遇啊。

——劳伦斯

时间的步伐有三种：未来姗姗来迟，现在像箭一般飞逝，过去永远静立不动。

——席勒

如果你浪费了自己的年龄，那是挺可悲的。因为你的青春只能持续一点儿时间——很短的一点儿时间。

——王尔德

消磨时间是一种多么劳累，多么可怕的事情啊，这只肉眼看不见的秒针无时不在地平线下转圈，你一再醉生梦死地消磨时间，到头来你还得明白，它仍在继续转圈，无情地继续转圈。

——伯尔

我丝毫不为自己的生活简陋而难过。使我感到难过的是一天太短了，而且流逝得如此之快。

——居里夫人

记住吧：只有一个时间是重要的，那就是现在！它之所以重要，就是因为它是我们有所作为的时间。

——列夫·托尔斯泰

整个的生命是日子的问题。只有那该死的梦想家才会把自己放在虚无缥缈间，而不去抓住眼前飞逝的光阴。

——罗兰

人越往后过，每年的月份好像就越变越少，再往后，每个月的天数似乎也越来越少了。时间正在变质，早晨刚刚开始的新的一天，很快就收缩为一个疲倦的夜晚。

——佚名

任何时候你都可以开始做自己想做的事，希望不要用年龄和其他东西去束缚自己。年龄不是界限，除非你自己拿去为难自己。人生需要规划，但是意外总是会到，与其强求某事某地达到某个目标，不如顺其自然。当然不是说听天由命，而是听从心的方向，去做到最好。

——沈奇岚

青春，就应该像是春天里的蒲公英，即使力气单薄、个头又小，还没有能力长出飞天的翅膀，借着风力也要吹向远方；哪怕是飘落在你所不知道的地方，也要去闯一闯未开垦的处女地。这样，你才会知道世界不再只是一扇好看的玻璃房，你才会看见眼前不再只是一堵堵心的墙。

——肖复兴

时间过得飞快，就像是从指间吹过的微风，只是稍微留下了一丁点儿的凉意之后，就悄然而逝，等再一次发现时，原本的凉意也已不再是当初微风吹过指间的沁人心脾，取而代之的是立夏之后的闷热与枯燥。

——佚名

今天，今天是我们的财富。昨天不论多么值得回忆，都像沉船沉入海底；明天不论多么辉煌，它还没到来。谈论今天的重要性，我们拥有的"今天"已经减少了许多。对我们来说要知道，今天都是我们唯一的资本。

——佚名

趁着还年轻，还有时间挥霍，有精力行走，趁着这个还能犯错，还能自私的年纪，随心所欲地走吧……以后，我们再回来，经历了风雨沧桑，险也冒了，年华也挥霍了，心不再向往远方，归于平凡，就这样吧。

——佚名

天天争分夺秒，岁岁年华虚度，到头了发现一辈子真短。怎么会不短呢？没有值得回忆的往事，一眼就望到了头。

——周国平

第二篇

第一辑　心要保持蓬勃的模样

有些事，你把它藏到心里，也许还更好，等时间长了，也就变成了故事。

——《似水年华》

自己的伤痛自己最清楚，自己的哀叹自己最明白，自己的快乐自己最感受。也许自己眼中的地狱，却是别人眼中的天堂；也许自己眼中的天堂，却是别人眼中的地狱。生命就是这般的滑稽。一个人有一个人的活法，关键在于心态的调整。

——朱云乔

这世界，最需要付出代价的事，不是别的，而是好好做自己。凡事以所谓的维护内心之类的理由拒绝成长，拒绝面对，拒绝生活，这样的人，我永远不会相信他们可以保护得了什么。你逃不掉的，站在那里什么也不做，最后的结果只有一个，就是等着成为别人的负累。

——十二

血性与宽容，就是苍鹰的两只翅膀，不争，不足以立世；不让，不足以成功。纵观一生轨迹，每个人无不在"争"与"让"的天平两端来回行进。会"争"需要一个好性格，会"让"更需要一个好性格。

——罗哲郁

爱，可以让你不寂寞，但是却无法让你不孤独。即使是最亲密的爱情，最贴心的爱人，不能，也不应该替代你自己。很多时候，我们需要和自己内心对话。不要把这个责任强加到爱人身上。作为独立的人，我们应有所担当，应有能力照顾好自己的生活和情绪。

——周国平

原来有些东西之所以曾经可贵，都是因为对于那个时候来说太过难得。河水流着流着就会凭空分出支流，生活于是有了更多的选择，再没有什么是非谁不可，爱情亦是如此，当年的只爱一个人不过是因为当时眼里只有他，现在回想权当笑话，我们都已经到了下游，怎么还能逆流而上对抗时光。

——萧凯茵

单独是一种正面的感觉，那是感觉到你自己的本质，那是感觉到你对你自己来说是足够的——你不需要任何人。寂寞是一种心的疾病，单独是一种治疗。

——《奥修谈尼采》

人生是一场永不落幕的演出，我们每一个人都是演员，只不过，有的人顺从自己，有的人取悦观众。事实上，我们的每个缺点背后都隐藏着优点，每个阴暗面都对应着一个生命礼物：好出风头只是自信过度的表现；邋遢说明你内心自由；胆小能让你躲过飞来横祸；泼妇在有些场合是解决问题的最好方式……阴暗面也是生命的一部分，只有真心拥抱它，我们才能活出完整的生命。

——朱云乔

事实证明，那些自信满满的人，有时不见得能得到他人的喜欢。反而是那些凡事谦虚的人可以指挥别人的笑脸。低头垂颈间，那是一种寻求宁静的姿态。懂得安静的女人总是更容易让男人生出爱慕的心。信守安静的男人，总能获得女人更多的青睐。这是所谓内敛中蕴含的力量。

——苏岑

然后，你忽然醒悟，感情原来是这么脆弱的。经得起风雨，却经不起平凡；本来风雨同舟，天晴便各自散了。也许只是赌气，也许只是因为小小的事。幻想着和好的甜蜜，或重逢时的拥抱，那个时候会是边流泪边捶打对方，还傻笑着，该是多美的画面。

——张爱玲

如果你哭，你只能一个人哭，没有人在意你的懦弱，只有慢慢地选择坚强。如果你笑，全世界都会陪着你笑，你给世界一缕阳光，世界还你一个春天。很多时候，我们都是在寂寞中行走，不要期望他人来解读你的心灵，认同你的思想，要知道，你只是行走在世界的路上，而世界却给了你全部天空。

——几米

自己是自己的朋友，自己是自己的敌人。一个人拥有一整个宇宙的快乐，一个人守着一整片星空的孤单。

——翡柏

世界上不仅仅存在敏锐聪慧这种才能。相比之下，不为烦琐动摇的钝感，才是人们生活中最为重要的基本才能。而且，只有具备这种钝感力，敏锐和敏感才能成为真正的才能，从而在人生的道路上发挥其应有的作用。

——渡边淳一

凡是诚实地过日子，并且遭遇到许多麻烦与失败而不气馁的人，要比那种一帆风顺,只知道安逸的人来得有价值。一个人永远不要相信天下会有毫无困难的事。

——梵高

不值得回忆的事之所以常常萦绕脑中,不能忘却,是由于生活太闲散和太单调所致。在这种情形下,你应该为自己找点事情做,或者出去走走,使生活有变化。生活有变化,那原来令你困扰的事就不会再显得那样突出和重要了!

——罗兰

亦舒说喜欢一个人,就总觉着他是天底下最笨的,处处都要人操心,而对于不喜欢的人,往往觉着他聪明伶俐,丝毫不用我们担心。当你真的爱上一个人的时候,是否会:一面期望他有四十岁的成熟,又一面把他当三岁孩子来照顾。

——刘小昭

你的心应该保持这种模样,略带发力的紧张,不松懈,对待不定有坦然。损伤是承载,沉默是扩展。终结是新的开始。如此,我会为你的心产生敬意。

——安妮宝贝

虚荣是一只妖,迷惑了多少人,满足了多少人,生出了多少事,平添了多少烦恼,没人说得清楚,也没人摆脱得了。尤其是不愁吃不愁穿、更注重精神享受的年代,虚荣这只妖,只会蛊惑得人越来越心浮气躁,越来越迷失自我。

——《苦乐留痕》

有些不快的事,我们纵然一时不能忘怀,我的心法是把它分清楚。这些如尘埃般的负能量，不能忘记，是我们的记性有时不幸太好，但最多只留在脑海，不见得要留在心上。庸人纵庸，总有足够的智商把毁誉得失检讨过后得来的反省藏于左脑，至于心，是要保持干净卫生，懂得消毒的。

——《原来你非不快乐》

一瞬间的踌躇，往往能使一个人完全改变后来的生活方式。这一瞬间，大概就像一张白纸明显的折缝那样，踌躇就一定会把人生包裹起来，原来的纸面变成了纸里，并且不会再次露于纸面上了。

——三岛由纪夫

旅行，让我对待这个世界越来越平和。因为我发现，原来这个世界有许许多多不同的人，不同的想法，不同的生活方式，不同的价值观，这个世界正是因此而精彩有趣。不管我是否理解，是否赞同，但是，我明白，我尊重，我接纳。

——《那些冒险的梦，我陪你去疯》

诺言是用来跟一切变幻抗衡。变幻原是永恒，我们唯有用永恒的诺言制约世事变幻。不能永恒的，不是诺言。诺言是很贵的，如果你尊重自己的人格。爱是有安全感，又没有安全感。爱是一种震撼，也是一种无力感。爱是诱惑，也唯有爱能给你力量抗拒诱惑……

——张小娴

在川流不息的繁华闹市中行走时，我们看到的常常是一张张紧张、愁苦、焦灼的脸，人们都在忙忙碌碌地奔波，却在奔波中变得茫然失措。浮光掠影的生活让我们学会了享受片刻的欢愉，却丧失了长久等待后的快乐。殊不知，苦海无边，我们都只是在上天那里借了一段流光的"泅渡客"。

——心灵度假

保全感情的途径，在于退而守之。剧烈表白，强势逼近，纠缠到底，诸如此类的姿态，无非是把自己推近自尊的悬崖边缘，进退都是两难，无法给予自己过渡。失去或从未得到过一个人，倒是其次的事情，翻来覆去折损的心该如何来收拾。说到底，疼痛，那只是一个人的事。

——安妮宝贝

面对一个不再爱你的男人，做什么都不妥当。衣着讲究就显得浮夸，衣衫褴褛就是丑陋。沉默使人郁闷，说话令人厌倦。

——张爱玲

言语究竟没有用。久久地握着手，就是较妥帖的安慰，因为会说话的人很少，真正有话说的人还要少。

——张爱玲

每个人内心都藏着恐惧。他们害怕孤独，害怕去做行为规范之外的任何事，害怕别人的议论，害怕冒险与失败，害怕成功遭人忌妒。他们不敢去爱，担心被拒绝，担心给人留下不好印象，担心衰老或死亡，担心缺点被人发现，担心优点没人赏识，担心无论优点缺点都没人注意。

——保罗·柯艾略

我渐渐明白人对他人的需求越少，就会活得越自如越安详。没有人，哪怕他愿意，也不可能完全满足另一个人的需要，唯一的办法就是令自己的需求适可而止。所以，我感到对你的需要太过强烈的时候，我便会责骂自己，会抑制自己，会想到贬低它，令它平凡一些，不致构成伤害。

——廖一梅

我知道苦难无法使人更高贵，反而使人更卑微。它使人自私、猥琐、狭隘、猜忌。它把人们注意力吸引在细小的事情上面，它没有使人超越人本身，却使人称不上真正的人；我曾残忍地写道，我们不是从自己的苦难，而是从他人的苦难中才学会了顺从。

——毛姆

你是你，已不是最初的你！你是你，也不是昨天的你！奔波来去的岁月，一站又一站的旅途，在动荡与流离中，只要反观自心、自净其意，就定了、静了、安了，使我不论在多么偏远的地方行脚，都能无虑而有得。每天的睡去，是旅程的一个终站。每天的醒来，是旅程的一个起点。

——林清玄

改变，永远不嫌晚。无论你是几岁，也无论你目前所处的境况有多糟，只要立定目标、一步一步往前走，人生随时都有翻盘的可能性。

——魏棻卿

如果你对自己的目标和如何为之行动缺乏持久而确定的信心，那么不要灰心丧气。我曾经挣扎过，至今仍在挣扎。我会失败，距离完美更是差了十万八千里。但是我们的所作所为本身就是成果。精力应该投入到解决方案上，而不是被浪费在问题上，应该专心做事，而不是一味忧虑。

——《永不止步》

在这个世界既没有幸福也没有不幸，只是一种处境和另一种处境的比较，仅此而已，唯有经历过最大厄运磨难的人，才能感受到最大的乐趣。必须想到死的痛苦，才能懂得生的快乐。

——《基督山伯爵》

命运中的不速之客永远比有速之客来得多。所以应付前一种客人，是人生的必修。他既为客，就是你拒绝不了的。所以怨天尤人没有用，平安地尽快把客人送走，才是高明主人。

——毕淑敏

世界上存在的东西都不可怕的，你只是怕自己的想法而已。

——韩寒

一个脆弱的心灵不敢凝视美丽，因为他知道所有的美丽都会褪色，所有的生命都将逝去。一个强壮的心灵敢于面对哀愁，因为他知道所有的哀愁都将淡远；所有的哀愁，有一天，都能被咀嚼、被纪念、被转化，成为大爱。

——刘墉

我想看一场盛大的流星陨落的过程，我要一直不停许愿，许到沧海桑田瞬息万变直到靠近你微笑淡晴的脸。

——海子

当一个人成天不是在缅怀过去，就是在担忧未来时，如何能真正活在当下？有句话说："生命若不是现在，那是何时？"一旦懂得体会当下的幸福，内心的喜乐能量，自然源源不断。

——魏棻卿

人生总有许多巧合，两条平行线也可能会有交会的一天。人生总有许多意外，握在手里面的风筝也会突然断了线。在这个熟悉又陌生的城市中，无助地寻找一个陌生又熟悉的身影。

——几米

人不是鱼，怎会了解鱼的忧愁。鱼不是鸟，怎会了解鸟的快乐。鸟不是人，怎会了解人的荒唐。人不是鸟，怎会了解鸟的自由。鸟不是鱼，怎会了解鱼的深沉。鱼不是人，怎会了解人的幼稚。你不是我，怎会了解我。

——几米

你要永久，你该向痛苦里去找。不讲别的，只要一个失眠的晚上，或者有约不来的下午，或者一课沉闷的听讲——这许多，比一切宗教信仰更有效力，能使你尝到什么叫作"永生"的滋味。人生的刺，就在这里，留恋着不肯快走的，偏是你所不留恋的东西。

——钱钟书

许多人的所谓成熟，不过是被习俗磨去了棱角，变得世故而实际了。那不是成熟，而是精神的早衰和个性的夭亡。真正的成熟，应当是独特个性的形成，真实自我的发现，精神上的结果和丰收。

——周国平

左右人生喜怒哀乐的，不过是人心简单的取舍。你终日怨天尤人地过活。愤恨社会不公，抱怨生不逢时，其实不过是把一切怪在外界或他人身上。然而有一天，你发现芸芸众生中，有一个人完完全全地承认并接受你现在的模样，你就有了活下去的勇气，而后连思想都会发生改变。

——《纳棺夫日记》

年龄就好像耕地，事物的本质会逐渐被挖掘出来。可是只有当时日已过，我们已无力做出任何改变时，我们才拥有智慧。我们似乎是倒着生活的。

——西蒙·范·布伊

智慧的人绝对不会为过去而更改现有的生活轨迹，每遭遇一次不愉快，他们都能迅速矫正自己的人生方向，把过去的不快乐尘封起，用乐观的心态迎接下一刻的到来。所以不论你过去经历过什么，你都应该试着忘记，把生命的力量留给现在。

——姚如雯

没有人会对你的快乐负责，不久你便会知道，快乐得你自己寻找。把精神寄托在别的地方，过一阵你会习惯新生活。你想想，世界不可能一成不变，太阳不可能绕着你运行，你迟早会长大——生活中充满失望。不用诉苦发牢骚，如果这是你生活的一部分，你必须若无其事地接受现实。

——亦舒

决定某件事情时，我的判断标准大部分都是取决于自己能否完全地说服自己。凡事皆如此。如果以半吊子的心态做选择，一旦遇到严苛考验时，就容易令人感到挫败，后悔当初不该选择这条道路。不是走在一条由衷认同的道路上，也就无法对自己所要背负的辛苦或失败有所觉悟。

——久石让

什么是勇敢？坦然面对心碎是一种勇敢；接受一无所有是一种勇敢；在绝望中坚持到底是一种勇敢；决定原谅自己是一种勇敢……而真正巨大的勇敢是——正对着恐惧，瞪视它。

——《走出荒野》

我们都是病人，只会阅读那些分析自己病情的书籍。描述爱情的书永远成功，因为所有人都觉得自己是唯一经历过爱情的人。当他的爱人说"这本书真美"时，他就觉得自己被爱了。他迫不及待地想让那个人读这本书。可是他不知道，爱人这么说是因为她的爱在别处。

——让·科克托

最能反映一个女人品位的东西，不是她的衣着和爱好，也不是她读什么书吃什么东西家里怎么布置，而是她过去和现在爱上一个怎样的男人。品位有时可以花钱去学，唯有爱情是最真实的她，是她品位的全部。她在其他方面看来很有品位，她爱着的却是一个差劲的男人，那么，她的品位还是不怎么好。

——张小娴

现在，灰色成了我喜欢的一种生命颜色。不像黑色那么硬，那么鲜明刺眼。灰色更有弹性，它是退一步海阔天空。但灰色绝不是灰心丧气，它甚至比黑色更有潜在的力量。

——陈染

人生就是一种冒险。你投入的爱越多，经受的风险也就越大。我们一生要经历数以千计乃至百万计的风险，而最大的风险就是自我成长，也就是走出童年的朦胧和混沌状态，迈向成年的理智和清醒。

——斯科特·派克

水寒江静，月明星疏。也许我们都该持有一颗良善的心，把今生当作最后一世，守候在缘分必经的路口，尊重每一段来之不易的感情。轻叩庭园，换一种踏雪寻梅的心情，找回诗意的简单。光阴无涯，聚散有时。因为懂得，所以慈悲。

——白落梅

一生总有这样的时候：最想流泪的事情发生时，死撑着不肯落一滴眼泪。最想挽留的人离开时，咬紧了牙不肯说一句挽留。心里无数次叫嚷着想投降，脸上却伪装出一副毫不在乎。那一刻觉得自己好坚强，青春就在疼痛的坚强中一天天消耗光。过后才懂,因为软弱,所以逞强。总把自尊看得比命还重要。

——苏芩

有些人是有很多机会相见的,却总找借口推脱,想见的时候已经没机会了。有些事是有很多机会去做的,却一天一天推迟,想做的时候却发现没机会了。有些爱给了你很多机会,却不在意、不在乎,想重视的时候已经没机会爱了。

——张爱玲

宠爱自己,让个性伴随左右,自信地站在自己的位置上,给苍白的四周以绮丽,给庸俗的日子以诗意,给沉闷的空气以清新。每天睁开双眸,用大自然的琴弦,奏响自己喜爱的心曲,告诉自己:我就是一道风景。

——王牧

我早就发现我最严肃的时候,人们却总是要发笑。实际上等我过了一段时间重读自己当初用真诚的感情所写的那些话时,我也忍不住要笑我自己。这一定是因为真诚的感情本身有着荒唐可笑的地方。

——毛姆

由男人的眼光看,一个太依赖的女人是可怜的,一个太独立的女人却是可怕的,和她们在一起生活都累。最好是既独立,又依赖,人格上独立,情感上依赖,这样的女人才是可爱的,和她一起生活既轻松又富有情趣。

——周国平

第二辑　生活在有人情味的世界

我不愿送人，亦不愿人送我。对于自己真正舍不得离开的人，离别的那一刹那像是开刀，凡是开刀的场合照例是应该先用麻醉剂，使病人在迷蒙中度过那场痛苦，所以离别的苦痛最好避免。一个朋友说，"你走，我不送你；你来，无论多大风多大雨，我要去接你。"我最赏识那种心情。

——梁实秋

友谊也像零存整取的银行。若你平时不补充情感进去，一旦需要朋友的支援渡过难关时，才发现存单上一片空白。

——毕淑敏

我避开无事时过分热络的友谊，这使我少些负担和承诺。我不多说无谓的闲言，这使我觉得清畅。我尽可能不去缅怀往事，因为来时的路不可能回头。我当心地去爱别人，因为比较不会泛滥。我爱哭的时候便哭，想笑的时候便笑，只要这一切出于自然。我不求深刻，只求简单。

——三毛

我不赞成为了朋友两肋插刀。如果一定要插，至多插一肋。因为肋骨的后面是心脏，若都插上刀，心就会被洞穿，便丧失了思考的能力。

——佚名

对待一份关系，你得学会不怕讨厌人，也不怕被人讨厌，当你确定了自己的原则之后，不要一再退让，学会说不，学会做自己，学会执行自己的原则。不能为了企图被喜欢来损害自己的原则。

——沈奇岚

你看，生活就是挺奇怪，当你不想拥有的时候，他会追着给你，当你渴望的时候，上天总会送给你一个不耐烦的白眼儿，还得说上两句让你堵心的话，我仿佛听见他说："活该，给你的时候你干吗不要！"

——庄羽

我不在乎我尘世的命运，只有少许的尘缘。我不在乎我多年的爱情，被忘却在恨的瞬间。我不悲叹我孤寂的爱人，生活得比我快活。但我悲叹你为我而伤心，我仅仅是一名过客。

——埃德加·爱伦·坡

如果我们能够勇敢地爱，勇敢地去原谅，能慷慨地因为别人的幸福而快乐，能够聪明地知道我们周围有足够的爱，那么我们就完成其他生灵从未知道的完整。

——《人生的完整》

快乐总掺杂着痛苦，人类无法享用纯正、完美的东西。既如此，奉劝读者诸君：内心过分单纯和敏锐、看问题的目光过于明察秋毫，实际并无好处。处理人间事务时粗线条即可，不必过分深究。世间万事万物，总存在太多彼此矛盾的方面和各不相同的形式，考虑多了，反而迷茫。

——蒙田

一切痛苦或欢乐，失望或悲哀，当它成为回忆的时候，就有了雾里看花的朦胧之美。当时的痛苦或欢乐，失望或悲哀的心情，也就都成为值得欣赏的心情了！

——罗兰

两个人是何以在告知对方自己的过去之前就如此熟悉？等你到了一定的年龄，彼此的过去已经不再重要，那些曾经令你无比在乎的东西就好像半途而退的潮汐一般似乎没有了提及的必要。这个世界上没有命运这回事，同时也没有意外。

——西蒙·范·布伊

朋友恰似独行旅人风雨晦暝中遇到的幽幽灯火，永远带着一份鼓励和安慰，可是，走着走着，蓦然发现，灯火在无声无息之中熄灭了，一盏一盏，没有预警，没有告别，只是悄悄地消失。

——董桥

友情和爱情一样，也是有保鲜期的，想一想，有多少已经不联系的朋友，默默地存在于你的通讯录中。不是不想联系，实在是人生残酷，时空变幻，你我再无交集，与其相见，不如怀念，与其攀缘，不如随缘。人生不过是一场旅行，你路过我，我路过你，然后，各自修行，各自向前。

——《半生素衣》

人与人之间始终保持着一种无法消弭的距离，承认这种距离，承认自己和对方的形同陌路，才不至于把自己的意见强加到对方身上；承认这种距离，才不会去利用对方或者评价对方，甚至连赞扬也是不被允许的。维持这种关系的纯净，这才是真正的友谊。

——莫里斯·布朗肖

有的人说，和心爱的人吵架，和陌生人说心里话。其实只是因为知道彼此很重要，所以才敢于争吵，也知道怎么吵都离不开对方。因为我知道我们关系好，所以我怎么损你都不要紧，你怎么恶作剧我都不会生气。那些无关痛痒的场面话，往往也只说给无关痛痒的人听。

——杜崧炫

我起身走了，于是我会有安宁。行在路上，邂逅的不仅仅是尘世风景，更是触动人心的辛酸人事，漫步人生，经历的不仅仅是悲欢离合，更是命运的森罗万象。生是见识，不是活着。

——独木舟

朋友是我们的镜子，我们的记忆。我们对他们一无所求，只是希望他们时时擦亮这面镜子，让我们可以从中看看自己。

——米兰·昆德拉

不用因迁就而遗失自我，亦不必为维持自我而得罪任何人，一个人有一个人的好。

——亦舒

孤独有时候也并不是件太糟糕的事情，与嘈杂比起来，安静却孤独的生活仿佛还显得更妙一点，或许至少得有那么一段时间，几年的时间，一个人必须要自己生活着，才是对的，否则怎么能够听到自己的节奏。

——周嘉宁

我多么希望，有一个门口。早晨，阳光照在草上。我们站着，扶着自己的门窗，门很低，但太阳是明亮的。草在结它的种子，风在摇它的叶子，我们站着，不说话，就十分美好。

——顾城

其实也不用经过太多的事情就可以懂得，没有什么不可原谅，因为没有什么不可忘却。记忆总是被篡改着。唯一的作用不过是夸张当初的欢愉或痛苦，用以衬托当下需要的情感安慰。我一直认为，忘却就是一种原谅，即便不是最高尚的那种。

——七堇年

伤心欲绝的时候，我就穿了白跑鞋，下楼去夜市溜达，买麻辣肫肠，几口囫囵下去，全身一哆嗦，肠胃微微痉挛一下，眼泪就顺理成章地下来了——我们可能是类似的内心质地，敏于思，讷于言，只能把伤害扭制成另外一种形状的物事，跑步，走路，都是我们的容器。

——黎戈

一个人面对外面的世界，需要的是窗子；一个人面对自我时，需要的是镜子。通过窗子能看见世界的明亮，使用镜子能看见自己的污点。其实，窗子或镜子并不重要，重要的是你的心。你的心明亮，世界就明亮；你的心如窗，就看见了世界；你的心如镜，就观照了自我。

——林清玄

我必须试着变得柔软，而非坚硬；流畅，而非拘谨；温柔，而非冷漠；发现，而非寻找。

——琼·安德森

人生有顺境也有逆境，不可能处处是逆境；人生有巅峰也有谷底，不可能处处是谷底。因为顺境或巅峰而趾高气扬，因为逆境或低谷而垂头丧气，都是浅薄的人生。真正的人生需要磨炼。面对挫折，如果只是一味地抱怨、生气，是一种消极、愚蠢的表现，最终受伤害的也只有你自己。

——《生气不如争气》

只有见识过烟火和爱情的人，才知道人世间的美好与凄凉。

——乐小米

一半的人在赞美我的同时，总有另外一半的人在批判我。我有充分机会学习如何"宠辱不惊"。至于人们的"期待"，那是一种你自己必须学会去"抵御"的东西，因为那个东西是最容易把你绑死的圈套。不知道就不要说话，傻就不假装聪明。

——龙应台

要以自己的真实面目示人。没有必要取悦他人，没有必要委屈自己。这样做了以后，我本以为机会一定要少很多，因为保定了破釜沉舟的决心，只求这一生做一个真实的自我，付出代价也认了。不想，却多了朋友，多了机缘。

——毕淑敏

生命是一场又一场的相遇和别离，是一次又一次的遗忘和开始，可总有些事，一旦发生，就留下印迹；总有个人，一旦来过，就无法忘记。写不尽的儿女情长，说不完的地老天荒，最恢宏的画卷，最动人的故事，最浩大的恩怨，最纠结的爱恨。

——桐华

一个人的性格决定他的际遇。如果你喜欢保持你的性格，那么，你就无权拒绝你的际遇。

——罗兰

我们已经抛弃了我们最宝贵的东西，因为我们有太多其他事情需要去处理。我们总是忙忙碌碌，却根本无法安安全全把最宝贵的东西留在身边。所以，不知不觉时光已流逝而去，我们也习惯了那些无聊琐事。我们再也认不出那真正属于我们自己的事物，并且为之震慑。

——里尔克

有时我很嫉妒金鱼，它们其实只有几秒钟的记忆。遵循一段思路对它们来说是不可能的，所有的体验都是第一次。每一次，假使它们自己无法认知自己的缺陷，生命就必然变成唯一一段阳光灿烂的故事。从早晨激动到夜晚，直至深夜。

——阿澜·卢

人的一生会遭遇无数次相逢，有些人是你看过便忘了的风景，有些人则在你的心里生根抽芽。那些无法诠释的感觉都是没来由的缘分，缘深缘浅，早有分晓。

——白落梅

不放弃，放弃的话，就当场结束了；不哭泣，哭泣的话，只会招惹别人同情你，想哭的时候，就笑；不怨恨，不拿自己和别人比较，再小都没关系，要追寻自己理想中的幸福；不生气，不能对别人生气，现在我的生活，全都是我自己的责任。

——石田衣良

大部分的恐惧与懒惰有关，这句我深以为然。我们常常会害怕改变，其实都是因为自己太懒了，懒得去适应新的环境，懒得去学习新的知识，涉足新的领域，但如果总是这样的话如何能让自己成熟起来呢？

——M. 斯科特·派克

你知道你能做到，别人觉得你也许可以做到，那么，少废话，做到再说，其他的怨气都是虚妄。自己没有展露光芒，就不应该怪别人没有眼光。

——韩寒

越是其他方面顺利的男人，越是希望在感情上遭遇坎坷，你不给他坎坷，让他轻易得手，他就找其他女人坎坷去了，这样，你的命运就会变得很坎坷，现在让他坎坷，主要是为了将来你能不坎坷。

——唐七公子

我们辛辛苦苦来到这个世界上，可不是为了每天看到的那些不美好而伤心的，我们生下来的时候就已经哭够了。而且我们，谁也不能活着回去。所以，不要把时间都用来低落了，去相信，去孤单，去爱去恨，去闯去梦。你一定要相信，不会有到不了的明天的。

——卢思浩

我犯了错误。我错在过于理想化。我虚构了一个世界，我在这世界里，还邀请其他人也住进来。在这个世界外，我根本无法呼吸。我错在生活得过于严肃、沉重；但我从未犯过生活得过于肤浅的错误，我一直生活在深处。

——《阿娜伊斯·宁日记》

我认为，有比较之心就是缺乏自信。有自信的人，对于自己所拥有的东西，是一种充满而富足的感觉，他可能看到别人有而自己没有的东西，会觉得羡慕、敬佩，进而欢喜赞叹，但他回过头来还是很安分地做自己。

——蒋勋

偶尔会想起，想起某些曾经遇见，未必能再遇见，甚至永不可见的人。像季风过境,午夜梦醒,记忆芳菲。你,曾经遇见谁?带着思念,穿越漫长的冬季,拥抱着春花烂漫。如果声音不记得,那不是青春和我们捕影捉风。那些生命中温暖而美好的事情,我们一起怀恋。

——落落

每个人来到世上,都是匆匆过客,有些人与之邂逅,转身忘记;有些人与之擦肩,必然回首。所有的相遇和回眸都是缘分,当你爱上了某个背影,贪恋某个眼神,意味着你已心系一段情缘。只是缘深缘浅任谁都无从把握,聚散无由,我们都要以平常心相待。

——白落梅

人的品德看言行,人的思想看行为,人的内心看做事,人的心术看眼神,人的知识看谈吐,人的内涵看表现,人的修养看性格,人的能力看业绩,人的身手看对手,人的为人看朋友,人的本质看历史。

——易中天

成熟的标志之一是懂调侃。不仅调侃世界也自我调侃,我敬重这样的态度。不要固执,不要凡事刨根问底,不要得理不让人,不要企图改变他人,不要以自己认定的道德标准要求他人,学会理解最奇怪的事物,学会欣赏与自己距离最远的艺术风格,一句话,学会随便,随便才能宽容。

——张宗子

每个人心中都有一条塞纳河,它把我们的一颗心分作两边,左岸柔软,右岸冷硬;左岸感性,右岸理性。左岸住着我们的欲望、祈盼、挣扎和所有的爱恨嗔怒,右岸住着这个世界的规则在我们心里打下的烙印——左岸是梦境,右岸是生活。

——辛夷坞

如果我们想交朋友，就要先为别人做些事——那些需要花时间、体力、体贴、奉献才能做到的事。

——卡耐基

人与人之间的关系有两种，一种是与别人交流，一种则是独处。前者一直被认为是人的生存之本，然而，后者却是立足之基，孤独，是一个内心整合的过程，能让自己清醒地看世界，也能让自己理性地看自己。

——周国平

人生在世，注定要受许多委屈。而一个人越是成功，他所遭受的委屈也越多。要使自己的生命获得价值和炫彩，就不能太在乎委屈，不能让它们揪紧你的心灵、扰乱你的生活。要学会一笑置之，要学会超然待之，要学会转化势能。智者懂得隐忍，原谅周围的那些人，在宽容中壮大自己。

——莫言

他人笑你，是正常的，无论是主观，是客观，你当时都没有做好，没有做到，你有什么资格豁免被他人嘲笑？你的哭泣，你的遭遇，和别人的困苦相比，有什么不同之处吗？每个人都想召唤上帝，每个人都常觉得自己快要过不去。他人鼓励你，那是你助燃的汽油；他人笑话你，也许是你汽油里的添加剂。

——韩寒

第三辑　愿我们拥有柔软的爱

所谓生活就是一半幸福，一半痛苦；一个人之所以幸福，并不是他得天独厚，只是那个人心里想着幸福，为忘记痛苦而努力，为变得幸福而努力，只有这样才能使人真正幸福，反之，再多的幸福也被当成了痛苦。

——小野不由美

爱情如果不落到穿衣、吃饭、睡觉、数钱这些实实在在的生活中去，是不会长久的。真正的爱情，就是不紧张，就是可以在他面前无所顾忌地打嗝、放屁、挖耳朵、流鼻涕；真正爱你的人，就是那个你可以不洗脸不梳头不化妆见到的那个人。

——三毛

我希望我的爱情是这样的，相濡以沫，举案齐眉，平淡如水。我在岁月中找到他，依靠他，将一生交付给他。做他的妻子，他孩子的母亲，为他做饭，洗衣服，缝一颗掉了的纽扣。然后，我们一起在时光中变老。

——笙离

一辈子的爱人，不是一场轰轰烈烈的爱情，也不是什么承诺和誓言。而是当所有人都离弃你的时候，只有他在默默陪伴着你。当所有人都在赞赏你的时候，只有他牵着你的手，嘴角上扬，仿佛骄傲地说，我早知道。不要因爱人的沉默和不解风情而郁闷，因为时间会告诉你：越是平凡的陪伴就越长久。

——安妮宝贝

我们需要一个人，一个很亲密能够在浴室里为你递上毛巾、衣裤的人。你小的时候是父母，长大了是你的爱人。我们需要一个人，在自己心神疲惫的时候随叫随到，任凭自己发泄情绪而不会生气。这样的一个人，不会很多。一辈子只能遇上一位，或者终老也不会遇上。

——《爱人》

喜欢一个人，喜欢他的以后——他的以后，发已如雪，身已老，时光赠他以呛人的金粉，不再风华正茂，红底金字的爱变成老绿，一切都生了绿锈。但你更爱，爱这个人的沧桑，爱这个人的清凉、爱他沙哑的声音、恰好的老去……喜欢他的以后，爱他的以后，爱他大象无言，小安若素。

——雪小禅

曾经我们非常珍爱，皆因岁月这只无形的手，慢慢剥离了爱的光环，也让当初的誓言，落成一地晶莹的玻璃碎片。爱情是要在时间中漂洗的，要么沉淀成一张发黄的照片，要么就在我们朴实的生命中怒放。我们不是萍水相逢，幸福不是刹那间的感觉，它就融化在我们牵手的甜蜜中，融解于看似斑驳的生活里。

——佚名

两个人能够走到一起一定是被对方吸引，最吸引你的就是他具备了你身上缺乏的那部分，这部分东西你不具备，也做不到，所以你才觉得弥足珍贵。有一天你们走到一起了，你也要记住你当年欣赏他的这部分东西。你欣赏的眼光会让他像孔雀一样终生努力为你开屏。

——戴军

爱是吵吵闹闹、油盐酱醋、大眼瞪小眼、互相看不顺眼、找茬挑衅、信任危机、出现第三者……爱是，就算这样，也要牵你手。下班，买一点萝卜青菜，一起慢慢地走回家去。于我，这就是童话。

——刘小昭

十几岁的爱情，就是没有理由的喜欢，没有理由的思念，没有理由的心神激荡，没有理由的发火，没有理由的开心，没有理由的大哭大闹，可是又突然伴着一句"下次不许再犯了"就破涕为笑。无论怎么生气，只要一个电话，只要一盘面包就好了。

——金河仁

给我一段老时光，独坐在绿苔滋长的木窗下，泡一壶闲茶。不去管，那南飞燕子，何日才可以返家。不去问，那一叶小舟，又会放逐到哪里的天涯。不去想，那些走过的岁月，到底多少是真，多少是假。如果可以，我只想做一株遗世的梅花，守着寂寞的年华，在老去的渡口，和某个归人，一起静看日落烟霞。

——白落梅

吵吵闹闹的相爱，亲亲热热的怨恨，无中生有的一切，沉重的轻浮，严肃的狂妄，整齐的混乱，铅铸的羽毛，光明的烟雾，寒冷的火焰，憔悴的健康，永远觉醒的睡眠，否定的存在！我感到爱情正是这么一种东西。

——莎士比亚

当你爱一个人的时候你就应该说出来。生命只是时间中的一个停顿，一切的意义都只在它发生的那一时刻。不要等。不要在以后讲这个故事。

——詹妮特·温特森

我的亲爱的妹妹，不要放纵你的爱情，不要让欲望的利箭把你射中。春天的草木往往还没有吐放它们的蓓蕾，就被蛀虫蠹蚀；朝露一样晶莹的青春，常常会受到罡风的吹打。

——莎士比亚

我胆子小，所以至今只谈过恋爱，却没真正爱过。不爱的借口总是很多，爱却从来不需要理由。倪震说爱情不过是感性与理性的博弈，在我这里，理性永远占了上风。当头脑不被激素控制，接吻都是平静的。

——《大胆爱》

其实人生需要很少很少，一杯水，一碗饭，一句我爱你。但是这杯水，他希望是那个爱他的人端给他的，那碗饭他希望是爱他那个人给他做的，那句我爱你他希望是那个爱他的人亲口对他说的。

——乔瑜

当我为你歌唱时，请别挑剔我五音不全。当我为你写诗时，请别嫌弃我言语乏味。当我为你跳舞时，请别嘲笑我四肢僵硬。请告诉我，只要是我为你做的一切，全都令你感到幸福。当我变得和你的期待不一样时，请爱我原来的样子，疼我原来的样子，赞美我原来的样子。

——几米

如果可以，我真想和你一直旅行。或许是某个未开发的荒凉小岛，或许是某座闻名遐迩的文化古城。我们可以沿途用镜头记录彼此的笑脸，和属于我们的风景。一起吃早餐、午餐、晚餐。或许吃得不好,可是却依旧为对方擦去嘴角的油渍。风景如何,其实并不重要。重要的是,你在我的身边。

——佚名

人们总会说,如果时光能够倒流,我当初一定怎样。可也许,真有机会重来,人们最终还是会维持自己的选择,或者即使换了选择却得到一样的结果。因为生命中总有些比时间和某个决定都更重要的东西把控着我们的命运。

——张薇薇

彼此相爱,却不要让爱成了束缚:不如让它成为涌动的大海,两岸乃是你们的灵魂。互斟满杯,却不要同饮一杯。相赠面包,却不要共食一个。一起歌舞欢喜,却依然各自独立,相互交心,却不是让对方收藏。因为唯有生命之手,方能收容你们的心。站在一起,却不要过于靠近。

——纪伯伦

我们,不要去羡慕别人所拥有的幸福。你以为你没有的,可能在来的路上,你以为她拥有的,可能在去的途中……有的人对你好,是因为你对他好。有的人对你好,是因为懂得你的好!

——佚名

爱是每天晨起的梳梳洗洗

爱是夜里和你数星星的安闲舒适

爱是无微不至的窝心呵护

爱是无所不能的承受与付出

爱是轰轰烈烈的爱恨交集

爱是磕磕碰碰中的修修补补

爱是异乡窗前的无边思念

爱是远远的城市里有所依托的幸福

爱是冷冷的冬夜里一杯热腾腾的咖啡

爱是春暖花开时对你满满的笑意

爱是杯中有你的快乐

爱原来就为的是相聚

为的是不再分离

若有一种爱是永不能相见

永不能启口

永不能再想起

就好像永不能燃起的火种

孤独地

凝望着黑暗的天空

——席慕蓉

其实，你喜欢一个人，就像喜欢富士山。你可以看到它，但是不能搬走它。你有什么方法可以移动一座富士山，回答是：你自己走过去。爱情也如此，逛过就已经足够。

——林夕

幸福对我来说应该是尖尖的、闪闪发亮的星星。锐利的尖角不经打磨过，所以一不小心碰触到星星的尖角就会被刺痛，不过正因为痛楚，这才能体现出生存的意义。

——桑德拉·希斯内罗丝

你必须花时间确定对方是你真正需要的人，因为爱与信仰本质上是一样的，它不是一种与人的成熟程度无关只需要投入身心的感情，不止包括感性元素，同样也需要理性元素。除了与生俱来的部分，还要体会、学习、领悟、练习、揣摩，先评估自己是否有爱人的能力才有资格谈爱。

——艾里希·弗洛姆

希望迷路的时候前方有车可以让我跟随，冷的时候有带电热毯的被窝，拉肚子的时候就离家不远，困的时候有大段的时间可以睡觉，不知道说什么的时候你会温柔地看着我，笑我词穷，不可爱的时候会适可而止，寂寞的时候知道你在爱我。

——安东尼

什么是幸福？当你爱一个人的时候，就这样站在他的身边，看着他的一举一动，是幸福的。为他的快乐而快乐，为他的悲伤而悲伤，是幸福的。在他需要你的时候，就待在他身边静静地陪着他，他不需要你的时候，就这样远远地看着他，也是幸福的。没有什么比这个更快乐的了。

——瞬间倾城

幸福常常是朦胧的，很有节制地向我们喷洒甘霖。你不要总希冀轰轰烈烈的幸福，它多半只是悄悄地扑面而来。你也不要企图把水龙头拧得更大，使幸福很快地流失，而需静静地以平和之心，体验幸福的真谛。

——毕淑敏

离这个世界越近，发现自己愈是无知，前方愈远。生命的长河流经的地方，都将得到滋润，长出绚丽的鲜花丛林。当快乐来临，你告诫我，生命不可一直在欢乐中度过。当痛苦缠绕，你一直鼓励我，翻过这座大山，将是我们寻找已久的美丽家园。就在这样的不停变幻中，我接受着你的爱和赐予。

——佚名

好的爱情，是一幅好的山水画卷——浓淡相宜，可一起迎朝阳，可一起观落日；可一起享喜悦，也可一起分疼痛，共月圆月缺。这幅山水画中，风景或许只是陪衬，重要的是两个人如何能一起共老……

——雪小禅

只希望你和我好，互不猜忌，也互不称誉，安如平日，你和我说话像对自己说话一样，我和你说话也像对自己说话一样。

——王小波

爱的本质，也许是一种考验。考验彼此的明暗人性，考验时间中人的意志与自控。欢愉幻觉，不过是表象的水花。深邃河流底下涌动的黑暗潮水，才需要身心潜伏，与之对抗突破。人年少时是不得要领的，对人性与时间未曾深入理解，于是就没有宽悯、原谅、珍惜。

——安妮宝贝

我不记得你，但是你却爱着我，这份爱在逝去的时光中与日俱增，你说，一朵花的流年可以很长，在你的寂静年华中，饱满而壮烈地盛开，因为有爱，所以永远不会枯萎。我遇见过很多人，始终与影子相依为命，然后我遇到你。只要你在这里，我们不紧不慢，一起走过每一个四季。

——笙离

在我们的生命之河短暂相遇然后别离之后那些孑然独立的年月，我们都并不关心他人，亦疲倦到不愿做没有回报之事。可是，我仍时时怀念，过去我们曾经是被彼此那般毫无保留的盛情关怀过，以至于让我在日后看多了人情淡薄的年岁，在这炎凉的世间某个角落寂寞起来的时刻，想起你来便会微笑。

——七堇年

一个人去流浪，去旅行，那是传奇；两个人携手同行游天下，去旅行，那是故事；一家人拖家带口走四方，去旅行，那是生活。只要有梦想，就会升起幸福的云朵。

——绿豆

我们一步一步走下去，踏踏实实地去走，永不抗拒生命交给我们的重负，才是一个勇者。到了蓦然回首的那一瞬间，生命必然给我们公平的答案和又一次乍喜的心情，那时的山和水，又回复了是山是水，而人生已然走过，是多么美好的一个秋天。

——三毛

我们都太喜欢等，固执地相信等待永远没有错，美好的岁月就这样一个又一个被等待消耗掉。生命中的任何事情都有保鲜期。那些美好的愿望，如果只是珍重地供奉在期盼的桌台上，那么它只能在岁月里积满尘土。当我们在此刻感觉到含在口中的酸楚，就应该珍重眼前人的幸福。

——佚名

幸福就是，寻常的人儿依旧。在晚餐的灯下，一样的人坐在一样的位子上，讲一样的话题。年少的仍旧叽叽喳喳谈自己的学校，年老的仍旧唠唠叨叨谈自己的假牙。厨房里一样传来煎鱼的香味，客厅里一样响着聒噪的电视新闻。

——龙应台

如果我爱你，只要知道你在那里，知道你健康，知道这份感情并没增加负累，知道能在某一日见到你，就可以了。如果我爱你，就按照你认为安全舒服的方式，拥有你。

——布洛

每个人都有历史，你也有，我也有，我们在遇见对方之前，都有自己的经历，过去没有办法改变，也因为过去变成了现在的你和我。我们遇见、相爱，我们能改变的只有将来。现在的每一刻都决定着将来，将来的每一刻都在我们的手心里。

——《男人帮》

不管前世，亦不管来生。今生我愿鲜衣怒马烈火烹油，做锦心素面之人。还愿无论如何起伏，仍然是那有情有义之人。还愿，煮字疗饥，内心安静凛冽。不求众人都懂得，赏心三两枝就好。在时间的荒野上，孜孜以求，散发微芒……在喜气安稳的似水流年变老变淡。如果能这样过一生，其实已经是福报。

——雪小禅

就是因为两个人不是一半一半的，所以结婚以后，双方的棱棱角角，彼此都用沙子耐心地磨着，希望在不久的将来，能够磨出一个式样来，如果真的有那么一天，两个人在很小的家里晃来晃去时，就不会撞痛了彼此。

——三毛

每次开始的时候，都迫不及待地爱别人。可是真正在一起以后，就忘记了小心翼翼的疼爱。原来，喜欢上一个人很容易。可是，要在心里最深刻的地方，去珍惜，就很难！

——安东尼

当你失去一个你爱的人，如果能迎来一个能读懂你的人，你就是幸运的。失去一段感情，你感觉心痛，当你心痛过后，你才会发现，你失去的只是你心中的依赖，当你学会孤独地坚强，一切又会再次美好起来。珍惜那个读懂你的人，好好去疼爱她，这就是纸醉金迷时代最佳的爱情。

——乌蒙小燕

我们捐出了爱，本该不求回报，一乞求都有了负担，还敢奢言拥有？最理想的结局也不过是得来幸福。幸福却不是实物，再紧的拥抱都是虚的。最实在的反而是我们更虚的心。唯心可以搜集回忆，享有幸福。万法唯心造，爱若难以放进手里，何不将它放进心里。

——林夕

有人说：幸福的人都沉默。百思不得其解，问一友人，对方淡然自若地答：因为幸福从不比较，若与人相比，只会觉得自己处境悲凉。

——梁文道

如果你爱上了一个人，请你一定要温柔地对待他。不管相爱的时间有多长或多短，若你们能始终温柔地相待，那么所有的时刻都将是一种无瑕的美丽。若不得不分离，也要好好地说声再见，也要在心里存着感谢，感谢他给了你一份记忆。长大了以后你才会知道，在蓦然回首的刹那，没有怨恨的青春才会了无遗憾，如山冈上那轮静静的满月。

——席慕蓉

我无法在夜里入睡，因为思念一直来敲门，我起身为你祈祷，用最虔诚的文。亲爱的你，我若是天使，我只守护，你所有的幸福。

——蔡智恒

我一直想要，和你一起，走上那条美丽的山路。我的要求其实很微小，只要有过那样一个夏日，只要走过那样的一次。而朝我而来的，日复以夜却都是些不被料到的安排，还有那么多琐碎的错误，将我们慢慢地隔开，终于明白，所有的悲欢都已成灰烬，任世间哪一条路我都不能，与你同行。

——席慕蓉

恋爱的纪念物，从来就不是那些你送给我的手表和项链，甚至也不是那些甜蜜的短信和合照，恋爱最珍贵的纪念物，是你留在我身上的，如同河川留给地形的，那些你对我，造成的改变。

——蔡康永

一直奢望，能和你在同一个城市。从前、现在、将来，一直这样奢望着。即便渺无音讯，同在一个城市，总有擦肩的几率存在。会有某日，隔着熙熙人流，穿透遥遥时空，终于相望，定格，无言。擦身瞬间，心头会是暖流，知道：原来你在这里，一直都在。

——几米

能共老的爱情是经得起光阴打磨的，最后再看这幅画，是你的山水、我的山水、我们的山水。如果光阴把一切席卷而去，最后剩下的，一定是一抹幽兰。如果爱情把一切席卷而去，最后留下的，也定是带着蓝色记忆的最初的心动。幽兰是曲终人散后，江上数峰青。那数峰青中，有人是最青的那一枝，尽管素面薄颜，难掩干净之容，似纤手破开新橙，有多俏，有多妖，亦有多么的素净与安好。

——雪小禅

男人们总是这样的，一旦他们得到了他们原来难以得到的东西，时间一长，他们又会感到不满足了，他们进而要求了解他们情人的目前、过去，甚至将来的情况。在他们逐渐跟情人熟悉以后，就想控制她，情人越迁就，他们就越得寸进尺。

——小仲马

我想和你一起生活，在某个小镇，共享无尽的黄昏，和绵绵不绝的钟声。在这个小镇的旅店里——古老时钟敲出的微弱响声，像时间轻轻滴落。有时候，在黄昏，自顶楼某个房间传来笛声，吹笛者倚着窗牖，而窗口有大朵郁金香。此刻你若不爱我，我也不会在意。

——茨维塔耶娃

我最怕看到的，不是两个相爱的人互相伤害，而是两个爱了很久很久的人突然分开了，像陌生人一样擦肩而过。我受不了那种残忍的过程，因为我不能明白当初植入骨血的亲密，怎么会变为日后两两相忘的冷漠。

——夏七夕

学着主宰自己的生活，即使孑然一身，也不算一个太坏的局面。不自怜、不自卑、不哀怨，一日一日来，一步一步走，那份柳暗花明的喜乐和必然的抵达，在于我们自己的修持。

——三毛

幸福，不是长生不老，不是大鱼大肉，不是权倾朝野。幸福是每一个微小的生活愿望达成。当你想吃的时候有得吃，想被爱的时候有人来爱你。

——《飞屋环游记》

好多的事，放下来才知道轻松，好多的人，走开了才明白单纯。我们老是背着沉重前进，我们总是复杂着心情。生活中有一些事确实沉重，但并不是所有的都需要我们背负。人生中，一些人确实并不单纯，但我们不必跟着起哄。

——席慕蓉

面对真爱的第一反应，通常是害怕。当某人让你感受到前所未有的无助，这就是爱的征兆。爱，让人成为更好的自己，也让人把最坏的一切给了彼此。傻气、忌妒、软弱、任性。爱情使得所有人回到最本真的自己。——别担心，这是在帮你做个判定：打不走的才是朋友，吵不散的才是真爱。

——苏芩

发生在个人生命中的所有事件皆有意义，都是上天特别的安排，只是看我们有没有足够的勇气，去发现那份属于我们独一无二的可能，又或者，我们是否有足够的智慧，去理解这份安排好要教导我们的教训。一个能把每个当下过好的人，就不会后悔。

——汪采晴

世上没有绝对幸福的人，你感觉幸福它就幸福。与其用一个怨恨的心看世界，不如用一个快乐的心看世界；用一个诅咒的心来看人间，不如用一种欣赏的心来生活。拥有一颗快乐的心，你见到的就满是草长莺飞；心中满是忧伤，你见到的就都是肃杀凋零。存好心做好人，微笑挂满两个大腮，才是正道。

——延参法师

爱，从来就是一件千回百转的事。不曾被离弃，不曾受伤害，怎懂得爱人？爱，原来是一种经历，但愿人长久。

——张小娴

我也许是太敏感，会小题大做，但至少那意味着我还在乎。你也许不会再受伤，也不会再让自己出糗尴尬，但是你也永远不会再体会到那样的爱。你不是赢，是孤独。也许，我做了很多很傻的事情，可是我知道，这样的我会比你更快找到那个对的人。

——佚名

走山路是最好的自疗，身体和意志的纯粹锻炼，超越时间，没有思想余地，连生死爱欲都遗忘。求生，走下去的意志是唯一的伴侣。这样爱，很好。

——素黑

昨天、今天、明天应该是没有什么不同的，但是，就会有那么一次，在你一放手、一回身的那一刹那，有的事情就完全改变了，太阳落下去，而在她重新升起以前，有些人，就从此和你永别。

——席慕蓉

我老了。有一天，在一处公共场所的大厅里，有一个男人向我走来，他主动介绍自己，他对我说：我认识你，我永远记得你。那时候，你还很年轻，人人都说你很美，现在，我是特地来告诉你，对我来说，我觉得你比年轻时还要美，我爱你如今凋残的容貌胜过你昔日的红颜。

——杜拉斯

追求和渴望，才有快乐，也有沮丧和失望。经过了沮丧和失望，我们才学会珍惜。你曾经不被人所爱，你才会珍惜将来那个爱你的人。

——张小娴

弹指为佛家语，指极短极快的时间。《僧祇》云："十二念为一瞬，二十瞬为一弹指。"只是有时候，时间快慢长短对某些暗自坚持的事并不具意义。我了解春光易逝，年华瓣瓣指间飞落，那又怎样呢，我依然看见你与我在烟柳桃花深处的那场惜别。春光满地，无处告别。

——安意如

跟爱相比，人生很短。可每天，总听到太多人对爱的挑剔和指责，人人都不能接受爱有瑕疵，那只是因为，他们没能真正尝出爱的真味道。是啊，每一份爱的背后，总有些妥协，很多人认为"妥协"很难，很自伤。其实，如果真的是在爱，会觉得：妥协也是一种顺其自然的快乐。

——苏芩

曾经有一份真诚的爱情放在我面前，我没有珍惜，等我失去的时候我才后悔莫及，人世间最痛苦的事莫过于此。你的剑在我的咽喉上割下去吧！不用再犹豫了！如果上天能够给我一次机会，我会对那个女孩子说三个字：我爱你。如果非要在这份爱上加上一个期限，我希望是……一万年。

——《大话西游》

再也不流泪，再也不伤悲，再也不对自己的过去回眸嗟叹，我只关心现在，努力地活在今天。我必须用清高和淡漠来掩饰无知，用甜美的慵懒来掩盖对未来的不安。把恐惧深深地藏在高跟鞋坚定的步伐和冷峻刚强的外表下，不让任何人起疑心并看出我每天需要多努力才能一点点地战胜自己的悲伤。

——玛利亚·杜埃尼亚斯

这个世界上没有什么东西可以比得上一个孩子暗中怀有的不为人所察觉的爱情！因为这种爱情不抱希望，低声下气，曲意逢迎，热情奔放……这和成年女人那种欲火炽烈，不知不觉中贪求无厌的爱情完全不同。只有孤独的孩子才能把全部的热情集聚起来。我毫无阅历，毫无准备……我一头栽进我的命运，就像跌进一个深渊……从那一秒钟起，我的心里就只有一个人——就是你……

——斯蒂芬·茨威格

第四辑　当想念变成习惯

人生不止，寂寞不已。寂寞人生爱无休，寂寞是爱永远的主题。我和我的影子独处，它说它有悄悄话想跟我说，它说它很想念你，原来，我和我的影子，都在想你。

——柏拉图

眉，没有一分钟过去不带着想你的痴情，眉，上山，听泉，折花，望远，看星，独步，嗅草，捕虫，寻梦，——哪一处没有你，眉，哪一处不惦着你，眉，哪一个心跳不是为着你，眉！

——徐志摩

撑着油纸伞，独自彷徨在悠长、悠长又寂寥的雨巷，我希望逢着一个丁香一样的结着愁怨的姑娘。她是有丁香一样的颜色，丁香一样的芬芳，丁香一样的忧愁，在雨中哀怨，哀怨又彷徨；她彷徨在这寂寥的雨巷，撑着油纸伞像我一样，像我一样地默默彳亍（chì chù）着冷漠、凄清，又惆怅。她静默地走近，走近，又投出太息一般的眼光，她飘过像梦一般地，像梦一般地凄婉迷茫。像梦中飘过一枝丁香地，我身旁飘过这女郎；她静默地远了，远了，到了颓圮（pǐ）的篱墙，走尽这雨巷。在雨的哀曲里，消了她的颜色，散了她的芬芳，消散了，甚至她的太息般的眼光，丁香般的惆怅。撑着油纸伞，独自彷徨在悠长、悠长又寂寥的雨巷，我希望飘过一个丁香一样的结着愁怨的姑娘。

——戴望舒

爱的热烈以等待来测量。在等待来临的事情或不会来临的事情之间，我懂得了最美好的事情就是等待的时刻。我在等你，还没相见，我已开始想你，我活在等待中，即使这等待是残破天空的一角，是缀满星星的沉重的布。你就是那照亮我，鼓舞我的一丝光亮。

——塔哈尔·本·杰伦

我真的没所谓只看你最好的一面，你的明朗和黑暗，我的身上都有。你总是太在意我对你的观感。我很想告诉你，如果要我评价，你是成功或失败，强大或虚弱，温柔或孤僻，我只会对你说，因为有你和我同在这世上，我觉得幸福。

——孙未

一个有责任的人，是没有死亡的权力的。许多的夜晚，许多次午夜梦回的时候，我躲在黑暗里，思念几成疯狂，相思，像一条虫一样慢慢啃着我的身体，直到我成为一个空空茫茫的大洞。夜是那样的长，那么黑，窗外的雨，是我心里的泪，永远都没有滴完的一天。

——三毛

她想念他，如同一双手在胸口里无从捉摸地揉搓着，从上到下，从左到右，从内到外。有时心脏会被抓紧，阵阵生疼。有时又只是怀着淡淡怅然，如同包裹被折断和碎裂之后的隐痛，故作镇静。回忆像河流深不可测，无声远行。她站在岸边，无所作为，随波逐流。她从未这般清楚分明地感受到感情的成形，看到它逐渐凝聚成一枚孤立而集中的内核，嵌入血肉。与之形影不离，与之呼吸存亡，与之起早落夜。

——安妮宝贝

爱情像糖衣，我囫囵吞下，享受瞬间的甜蜜，我有没有跟你说过爱是我不变的信仰，我有没有告诉过你爱就是永远把一个人放在心上。

——饶雪漫

想念一个人，不一定要听到他的声音。听到了他的声音，也许就是另一回事。想象中的一切，往往比现实稍微美好一点。想念中的那个人，也比现实稍微温暖一点。思念好像是很遥远的一回事，有时却偏偏比现实亲近一点。

——佚名

但曾相见便相知，相见何如不见时。安得与君相决绝，免教生死作相思。

——仓央嘉措

悲伤那么长，淋湿了方向，过去、现在、未来只在水中央；思念那么深，遮住了梦一场，让鸟儿留在他乡；一双翅膀飞越了苍茫，从此天上人间都是好时光。装不了的难言，也只对镜子望；剪断红颜独自望月，还是感伤。

——巴度

你割舍不下的，已经不是你喜欢的那个人了，而是那个默默付出的自己。当你惊叹于自己的付出的时候，你爱上的人，其实只是现在的你自己。到最后，在这场独角戏里，感动的人，只有你自己。

——卢思浩

只要想起一生中后悔的事，梅花便落了下来。比如看她游泳到河的另一岸，比如登上一株松木梯子，危险的事固然美丽，不如看她骑马归来，面颊温暖，羞惭。低下头，回答着皇帝，一面镜子永远等候她，让她坐到镜中常坐的地方，望着窗外，只要想起一生中后悔的事，梅花便落满了南山。

——张枣

遇见通往结束，如果你思念一个人，始终放不下这颗心，赶紧见一面，这样许多东西都可以重新确认。这样，当你放弃的时候才会心甘情愿。亦舒说，相熟产生轻蔑。的确如此……没见的时候，想象中的时候，都是那么美好，可是，见了，就再也没有感觉了。

——佚名

我们都有伤疤，内在的或外在的，无论因为什么原因伤在哪个部位，都不会让你和任何人有什么不同。除非你不敢面对，藏起伤口，让那伤在暗地里发脓溃烂，那会让你成为一个病人，而且无论如何假装，都永远正常不了。

——《唐顿庄园》

思念终于抵不住时间，我看那张曾经无比诚挚的脸。我的忧伤如线，突然从内心的最深处涌出来，千丝万缕，像盘丝洞里天真的妖精，缚住了别人，牵住了自己。

——安意如

轻弹一段过往，歌颂一路风华，绝恋了几多缠绵往事，多少秋花开尽了岁末的芳香，又轻扣了多少别离，惹恨了时光几许，迷离了多少回忆，却描不出流年的倒影，又有多少不舍，婉转地渗入我的梦乡。今夜若晴，便是一地馨香；今夜未情，已是一地情长。

——佚名

所有回不去的良辰美景，都是举世无双的好时光。命运是一条颠沛流离的河，而他们跌跌撞撞，都被磨平了棱角，成为河里一颗滑不溜手的鹅卵石。

只有彼此知道，知道对方曾经有过那样鲜衣怒马的好年华。而亦只有彼此知道，他们曾经互相拥有过。

——匪我思存

在这个忧伤而明媚的三月，我从我单薄的青春里打马而过，穿过紫堇，穿过木棉，穿过时隐时现的悲喜和无常。

——郭敬明

就像接听长途电话，可爱的男孩子在八千里外说："我想你。"其实一点实际的帮助也没有，薪水没有加一分，第二天还是得七点半起床，可是心忽然安定下来，生活上琐碎的不愉快之处荡然不存，脸上不自觉地浮起一个恍惚暧昧的笑容，一整天踏在九层云上。

——亦舒

牵挂一个人是件好事情，可以把你变得更温柔、更坚强，变得比原来的你更好。

——笛安

我无法拥有你的时候，我渴望你。我是那种会为了与你相见喝杯咖啡而错过一班列车或飞机的人。我会打车穿越全城来见你十分钟。我会彻夜在外等待，假如我觉得你会在早晨打开门。在你的句子说完之前，我编织着我们可以在一起的世界。我梦想你。对我而言，想象和欲望非常接近。

——珍妮特·温特森

这么多年的等待，就是米粒大小的种子都已经长成参天大树，何况他的相思？她已经长在他的心上，盘根错节，根深蒂固。若想拔去她，也许需要连着他的心一块拔去。谁能告诉他，一个人如何去割舍自己的心？

——桐华

如果思念成为一种习惯，如果爱是一场轮回的宿命，那么在雨中奔跑、在林间漫步，或许就是俗世中最干净的美好。

——歌德

迷路的夜晚，失去了回家的方向，那条熟悉的小路不见了。但是，我并不真正地感到慌张。就像那熟悉的朋友，也常常突然消失了，但是，你知道他们就会出现的。我看不懂星星的指引，我在寻路，及思念、想念的人。

——几米

门前若无南北路，此生可免别离情。天色将暮，宴席已阑。当真，留不住你了。然而也毋须强留，人生聚散各有因。人，若有必须要行的事，不如洒然上路。你知，明日天涯，也必有我思忆追随。

——安意如

清晨醒来时，有一颗插翅飞翔的心，满怀感激迎接一个爱的白天；中午休息时光，深思爱的陶醉；黄昏时分，怀着感谢之情回家；然后临睡前为你心中所爱的人祈祷，在嘴唇边挂起一只赞美之歌。

——纪伯伦

我认为当我了解了一个人的一切时，我才真正坠入爱河。他头发怎样分，哪天穿哪件衬衫，确切知道在某一场合他会讲哪个故事，当我知道这些时，我才肯定我真正爱上了。

——《日出之前》

寂寞是真的，背影是假的，一百年后没有你也没我。伤心是真的，泪是假的，一百年后没有你也没有我

——加西亚·马尔克斯

我问佛：为什么总是在我悲伤的时候下雪。佛说：冬天就要过去，留点记忆。我问佛：为什么每次下雪都是我不在意的夜晚。佛说：不经意的时候人们总会错过很多真正的美丽。我问佛：那过几天还下不下雪。佛说：不要只盯着这几场雪而错过了整个季节。

——仓央嘉措

每天早晨你只知道自己所在的地方，绝对不会知道今天晚上会发生什么事情，自己会睡在哪儿，会到达哪个地点。完全是未知的。每天都充满了这种惊喜和愉快，从沮丧到惊喜，经常是一秒钟的事情，可能你沮丧了一个小时、两个小时、一天，然后突然有一个人想帮你了。这就是在路上的感觉。

——《搭车去柏林》

抬手，杨筝轻轻地拂过墨尘的脸，蓝色幽火中的微笑如风，如月，淡无痕："墨尘，若有一天你长大了，千万不要像我一样，明知相思苦，还是苦相思……"
手，未滑落之前已燃成飞灰，墨尘握不及。人，在浅笑未逝时已焚尽，点点青灰，连同等不到的，刻骨相思，都一并淡去无痕。

——水月华

山一程，水一程，身向榆关那畔行，夜深千帐灯。风一更，雪一更，聒碎乡心梦不成，故园无此声。

——纳兰容若

你走了，我不想死，因为我知道你还会回来。

你回来了，我更不想死，因为我们还有很多明天！

怎样掌控现在这个时间，这一秒钟，和你需要关注的人说一声：我爱你！

如果时光能够倒流，如果逝去的爱能够找回，如果……

人生有着太多的遗憾，是我们太不懂得珍惜，还是……

我很想念他，原来想见一个人见不到，是这样的……

你在我的身边的时候，你对我的爱我一辈子也还不清……我总是忽略你的感受。

如果我们还能重逢，真的好想牵着你的双手，再说一次我爱你……原来忽略是我最大的缺陷……我爱你……

——《再说一次我爱你》

与你分开以后，我一直在想，现在的你，也会经意或不经意间想起我吧。在想起我的时候，你脑海里的我，是怎样的呢？你记忆里的我，快乐吗？爱笑吗？很傻是吗？你记忆里的我，是不是也像我记忆里的你一样清晰呢。

——《那些年，那个你》

想起你，我会很幸福的，你知道我也看着星星啊。所有的星星将会有着生锈辘轳的井，所有的星星都会流出水来让我喝……

——安托万·德·圣·爱克苏佩里

习惯，失眠，习惯寂静的夜，躺在床上望着天花板，想你淡蓝的衣衫。习惯，睡伴，习惯一个人在一个房间，抱着绒绒熊，独眠。习惯，吃咸，习惯伤口的那把盐，在我心里一点点蔓延。习惯，观天，习惯一个人坐在爱情的井里，念着关于你的诗篇。你走吧，我总要习惯一个人。

——徐志摩

某天如果我觉得不再爱你，就不会再感觉寂寞。早上醒来，出现在心里的第一个回忆，不是你的名字，也不是你与我分别之前的脸。而是窗外白杨树的青脆绿叶。它们在春天阳光下生长茂盛，在风中轻轻款摆，不止人间忧欢。于是我便也会觉得自己是静的。

——安妮宝贝

如果晚上月亮升起的时候，月光照到我的门口，我希望月光女神能满足我一个愿望，我想要一双人类的手。我想用我的双手把我的爱人紧紧地拥在怀中，哪怕只有一次。如果我从来没有品尝过温暖的感觉，也许我不会这样寒冷；如果我从没有感受过爱情的甜美，我也许就不会这样地痛苦。如果我没有遇到善良的佩格，如果我从来不曾离开过我的房间，我就不会知道我原来是这样的孤独。

——《剪刀手爱德华》

我只爱爱我的人，因为我不懂怎样去爱一个不爱我的人，是完全不知道从何着手。他爱你，什么都容易，他会来感动你。他不爱你，你多么努力去感动他，也是徒劳的。我爱不起不爱我的人，我的青春也爱不起。我的微笑，我的眼泪，我的深情，我年轻的日子只为我爱也爱我的那个人挥掷。

——张小娴

爱情，就是彼此永不止息的思念，是永远放不下的牵挂，是心甘情愿的牵绊。不管相隔多远，无法抑制的仍然是对彼此的想念，然而，乍然相逢的一刻，他翩翩的身影却在你眼里开出了翻翻腾腾的花……想念，在时光中穿梭，一丝一丝地把心抽紧，抽紧……原来，想念是糖，甜而忧伤。

——张小娴

我活着不能没有你，不单是身体，我要你的性灵，我要你完全地爱我，我也要你的性灵完全化入我的，我要的是你绝对的全部——因为我献给你的也是绝对的全部，那才当得起一个爱字。

——徐志摩

相思对多情的众生来说，是快乐与烦恼并存、痛苦却又幸福的事。相思折损精神，使人憔悴。人人咒恨，又人人死心塌地投身进去，有干将莫邪投身剑炉的甘愿。没有得到的，明明逃过一劫却满心失落。

——安意如

挂念一个人最差的方式，就是你坐在他身旁，而知道你不能拥有他。

——柏拉图

所有的爱，所有的恨，所有大雨里潮湿的回忆，所有的香樟，所有的眼泪和拥抱，所有刻骨铭心的灼热年华，所有繁盛而离散的生命，都在那个夏至未曾到来的夏天，一起扑向盛大的死亡。

——郭敬明

我没有别的方法，我就有爱；没有别的天才，就是爱；没有别的能力，只是爱；没有别的动力，只是爱。

——徐志摩

在那红莲绽放樱花伤逝的日子里，在千年万年时间的裂缝和罅隙中，在你低头抬头的笑容里，我总是泪流满面，因为我总是意犹未尽地想起你，这是最温柔的囚禁吗？

——郭敬明

爱是金色的锁链，当你爱着一个人，你的心，便把这条锁链系在了他或她的身上。他或她走得越远，你扯得越痛。父母永远都是唠唠叨叨，却永远是你最坚强的靠山。你有时候可能会觉得他们啰嗦，但这样的啰嗦都是出于爱。以为无论你多大，在他们眼里永远都是个让人不放心的孩子。

——《锁链》

梦魂如风筝，飞越了万水千山，却无法寻觅到一点关于你的音信。思念无凭据，愁情如春草。我是这样地萎靡，我知道你也一定不快乐，我们之间风狂雨急，情如落花满地。看起来相见再聚希望渺茫。可是我仍希望你可以快乐一点，勿以我为念。

——安意如

我是极空洞的一个穷人，我也是一个极充实的富人——我有的只是爱。

——徐志摩

有时候明白人的一生当中，深刻的思念是维系自己与记忆的纽带。它维系着所有的过往、悲喜，亦指引我们深入茫茫命途，这是我们宿命的背负。但我始终甘之如饴地承受它的沉沉重量，用以平衡轻浮的生。

——七堇年

我喜欢将暮未暮的原野，在这时候所有的颜色都已沉静，而黑暗尚未来临，在山岗上那丛郁绿里，还有着最后一笔的激情。我也喜欢将暮未暮的人生，在这时候，所有的故事都已成型，而结局尚未来临，我微笑地再做一次回首，寻我那颗曾彷徨凄楚的心。

——席慕蓉

有一天你会忘记我，投身于新的爱情，放纵在她的世界里；有一天你会有一个美丽的妻子，可爱的孩子；有一天你会忙碌在纷繁的人群中，忘记年轻时的梦想；有一天你和我会擦肩而过，但却辨认不出彼此；有一天你会偶尔想到我名字，却记不得我的模样；有一天你会终老于病房，到死都不再想起我。

——九夜茴

我们爱在不对的时间，回首往事的时候，想起那些如流星般划过生命的爱情，我们常常会把彼此的错过归咎为缘分，其实说到底，缘分是那么虚幻抽象的一个概念，真正影响我们的，往往就是那一时三刻相遇与相爱的时机，男女之间的交往，充满了犹疑忐忑的不确定与欲言又止的矜持，一个小小的变数，就可以完全改变选择的方向。如果彼此出现早一点，也许就不会和另一个人十指紧扣，又或者相遇得再晚一点，晚到两个人在各自的爱情经历中慢慢地学会了包容与体谅，善待和妥协，也许走到一起的时候，就不会那么轻易地放弃，任性地转身，放走了爱情。

——佚名

所有人在发誓的时候都是真的觉得自己一定不会违背承诺，而在反悔的时候也都是真的觉得自己不能做到，所以誓言这种东西无法衡量坚贞，也不能判断对错，它只能证明，在说出来的那一刻，彼此曾经真诚过。

——九夜茴

曾经多情如斯，伤痕累累，才终于学会无情。有一天，没那么年轻了，爱着的依然是你，但是，我总是跟自己说：我也可以过自己的日子。唯其如此，失望和孤单的时候，我才可以不掉眼泪，不起波动，微笑告诉自己，不是你对我不好，而是爱情本来就是虚妄的，它曾经有多热烈，也就有多寂寞。

——张小娴

即使命运叫您在得到最后胜利之前碰着了不可躲避的死，我的爱！那时您就死。因为死就是成功，就是胜利。一切有我在，一切有爱在。

——徐志摩

其实每个人一生之中心里总会藏着一个人，也许这个人永远都不会知道，尽管如此，这个人始终都无法被谁所替代。而那个人就像一个永远无法愈合的伤疤，无论在什么时候，只要被提起，或者轻轻地一碰，就会隐隐作痛。

——郭敖

我不敢说，我有办法救你，救你就是救我自己，力量是在爱里；再不容迟疑，爱，动手吧！

——徐志摩

你付出的越多，牵挂就越多，牵挂越多，付出的就更多，牵挂与付出互为因果，直到这种牵挂达到浓烈程度，责任也就变成了爱。我觉得，当我们爱上一个东西的时候，爱的也许不是这个东西本身，而是我们贯注在上面的心血。

——王小平

不是所有的记忆都美好，不是所有的人都值得记忆，岁月的河流太漫长，大部分的人与事都会被无情地冲走,但是与青春有关的一切,总会沉淀到河底,成为不可磨灭的美好回忆。令我们念念不忘的,也许并不是那些事和人,而是我们逝去的梦想和激情。

——桐华

第五辑　总有一人，让你情深

狐狸：你看，看到那边的麦田了吗？我不吃面包，麦子对我来说一点意义也没有，麦田无法让我产生联想，这实在可悲。但是，你有一头金发，如果你驯养我，那该有多么美好啊！金黄色的麦子会让我想起你，我也会喜欢听风在麦穗间吹拂的声音。

——安东尼·德·圣·爱克苏佩里

在这个过渡的时期，爱与意志变得更为艰难，指导我们心灵航向的古老神话与象征已不复存在，焦虑已成为流行病；我们彼此相拥，尽力让自己感觉什么是爱；我们不敢选择，因为我们害怕一旦选择了一件事或一个人，我们就会失去另外一个。我们太害怕了，因此无法抓住机会。

——罗洛·梅

我知道爱情是一件要在黑暗里摸索的差事，你肯定会弄脏你的手。如果你踟蹰不前，就永不会有好玩的事情发生。与此同时，你必须找到和他人之间合适的距离。太近，他们会击溃你；太远，他们又会抛弃你。

——哈尼夫·库雷西

我只能说，人生无常，我们谁也不知道谁在转角处等着谁。可是，总有这样的一个人，这样的一些人，承接我一世坎坷，给我一生欢喜。

——柏颜

原来，爱一个人，就是永远心疼她，永远不舍得责备她。看到她哭，自己的心就跟针扎一样；看到她笑，自己就跟开了花儿一样。在爱情中，每个人都有自己致命的软肋。

——朱云乔

爱一个人，总难免赔上眼泪；被一个人爱着，也总会赚到他的眼泪。爱与被爱的时候，谁不曾在孤单漫长的夜晚偷偷饮泣？我们一再问自己，爱是什么啊？为什么要爱上一个让我掉眼泪而不是一个为我擦眼泪的人？他甚至不知道我在流泪。

——张小娴

与你无缘的人，你与他说话再多也是废话；与你有缘的人，你的存在就能惊醒他所有的感觉。有些人即使在认识数年之后都是陌生的，彼此之间总似有一种隔膜，仿佛盛开在彼岸的花朵，遥遥相对，不可触及。而有些人在出场的一瞬间就是靠近的，仿佛散失之后再次辨认。那种近，有着温暖真实的质感。

——佚名

爱是一个陷阱，它一旦出现，我们只看到它的光，却看不到它的阴影。爱就像水坝，一旦有了缝隙，哪怕只容涓滴水流流穿它，转瞬间，这股涓流却会迅速让整个水坝溃决，无人能够阻挡大水的威力。

——柯艾略

你从来都很容易爱上，但你很难好好地爱。你的标准很高，你不会将就地接受便捷方式。如果我是诚实的，我会承认我总是想避免爱。是的，给我浪漫给我性，给我吵架，给我爱的全部组成部分，但别给我一个"爱"字。这个字如此复杂，它需要我时时刻刻都做到最好并保持到永远。

——珍妮特·温特森

有一个传说，说的是有那么一只鸟儿，它一生只唱一次，那歌声比世上所有一切生灵的歌声都更加优美动听。从离开巢窝的那一刻起，它就在寻找着荆棘树，直到如愿以偿，才歇息下来。然后，它把自己的身体扎进最长、最尖的荆棘上，便在那荒蛮的枝条之间放开了歌喉。

——考琳·麦卡洛《荆棘鸟》

如果生命里不曾持有罪恶、欲望、盲目、破碎、苦痛、秘密，它多么乏味。所以遇见这个男子，即使明知因缘不过是水中月镜中花，我也要向它伸出双手，使它成形，让它破碎。

——安妮宝贝

一生就这么一次，谈一场全凭感觉的恋爱吧。不再因为任性而不肯低头，不再因为固执而轻言分手。最后地坚信一次，一直走，就可以到白头。就那样相守，在来往的流年里，岁月安好。唯愿这一生，执子之手，与子偕老！

——佚名

你不去追求真正的幸福，而偏爱幻想中的幸福，这是你最隐秘、最阴险的惰性。在一切欲念中，我们自己最注意不到的就是惰性，虽然它的暴力并不明显，可它破坏的一切也不易被发现。它使得人放弃最热烈的追求和决心，它对心灵所感受的遗憾给予慰藉，最后代替了一切未曾获得的幸福。

——拉罗什富科

最痛苦的是，消失了的东西，它就永远的不见了，永远都不会再回来，却偏还要留下一根细而尖的针，一直插在你心头，一直拔不去，它想让你疼，你就得疼。

——饶雪漫

一个男子失恋以后，要么自杀，要么再恋一次爱，而第二次找对象的要求往往相近于第一个，这种心理是微妙的，比如一样东西吃得正香，突然被人抢掉，自然要千方百计再想找口味相近的——这个逻辑只适用于女方背叛或对其追求未果。若两人彼此再无感情，便不存在这种"影子恋爱"，越吃越臭的东西是不必再吃一遍的。

——韩寒

慢慢觉得，所谓坚定不移，其实就是两个人都能在彼此犹豫的时候拉对方一把，路就走下去了。人生那么长，未知的东西那么多，我等皆凡人，总会遇到各种问题。我们不能保证一个美好积极的未来，但我至少能保证，给你我的心。

——刘小昭

彼此都有意而不说出来是爱情的最高境界，因为这个时候两人都在尽情享受媚眼，尽情地享受目光相对时的火热心理，尽情享受手指相碰时的惊心动魄。一旦说出来，味道会淡许多，因为两个人同意以后，所有的行为都已被许可，已有心理准备的了。到最后慢慢变得麻木了。

——张爱玲

有些爱，只能止于唇齿，掩于岁月。我喜欢来日方长的男人和不堪回首的女人，是他们把生活搞得意味深长。

——佚名

高兴的时候凑在一块，分手的时候也惆怅。演戏的，赢得掌声喝彩声，也赢得他华美的生活。看戏的，花一点钱，买来别人绚漫凄切的故事，赔上自己的感动，打发了一晚。大家都一样，天天的合，天天的分，到了曲终人散，只偶尔地，相互记起。其他辰光，因为事忙，谁也不把谁放在心上。

——李碧华

有人说，爱情就是一场玩命的折腾，我们总是以爱为借口伤害着最爱的那个人，好像只有这样才能反复确认对彼此的爱。其实越害怕失去，就越容易失去。爱情，应该是一次平静的相逢，两人并肩站在世界的同一边，再一起往前走。

——九夜茴《匆匆那年》

我相信，真正在乎我的人是不会被别人抢走的，无论是友情，还是爱情。

——三毛

我以为爱情可以克服一切，谁知道她有时毫无力量。我以为爱情可以填满人生的遗憾，然而，制造更多遗憾的，却偏偏是爱情。阴晴圆缺，在一段爱情中不断重演。换一个人，都不会天色常蓝。

——张爱玲

我想说的是，时间一定会把我们生命中的碎屑带走，漂远。而把真正重要的事物和感情，替我们留下和保存。最终你看到这个存在，是心中一座暗绿色高耸山脉。沉静、安宁，不需任何言说。你一定会知道，并且得到。

只是要学会等待，并且保持信任。

——安妮宝贝

人有三样东西是无法隐瞒的，咳嗽、穷困和爱，你越想隐瞒越欲盖弥彰。人有三样东西是不该挥霍的，身体、金钱和爱，你想挥霍却得不偿失。人有三样东西是无法挽留的，时间、生命和爱，你想挽留却渐行渐远。人有三样东西是不该回忆的，灾难、死亡和爱，你想回忆却苦不堪言。

——弗拉基米尔·纳博科夫

人心总有压抑的时候，爱情也是很沉重的一回事。但是，可以想想父母兄弟，夜里抬头看看星月。上帝造这世界，并非叫每个人只为爱情活着。为太阳月亮又有何不可，吸两口空气，低潮就过去了。三十年后，想起为爱情萌生死念，会觉得可笑。

——亦舒

相信爱情，即使它给你带来悲哀也要相信爱情。有时候爱情不是因为看到了才相信，而是因为相信才看得到。

——泰戈尔

生命是一场又一场的相遇和别离，是一次又一次的遗忘和开始，可总有些事，一旦发生，就留下印迹；总有个人，一旦来过，就无法忘记。

——桐华《长相思》

有谁不曾为那暗恋而痛苦？我们总以为那份痴情很重、很重，是世上最重的重量。有一天，蓦然回首，我们才发现，它一直都是很轻、很轻的。我们以为爱得很深、很深，来日岁月，会让你知道，它不过很浅、很浅。最深和最重的爱,必须和时日一起成长。

——《天使爱美丽》

我不道别,也不跟你约定,我想我们一定会再见面的。

——《东京爱情故事》

我们的感情,来得这样迅急,这样完满,这样美,一开始就点亮了所有的灯。这灯,多得数不完,看不尽。但如果可以重新来过,时间倒流,还能再有一次开始,让我们持有耐心和希望,一盏一盏慢慢地点。点一盏,亮一盏。点一盏,再亮一盏。这样,就可以长相厮守,慢慢携手走到老,走到死。而不是在活着的时候,看着这亮满的灯火逐渐稀落下去,一盏一盏地冷却,熄灭,黑暗,摧毁。

——安妮宝贝

我们生活在同一个温暖的水域,也许偶尔会被水草缠绕,但因为彼此温暖的呼吸,相信都不会是死结。如果我说我爱你,我一直爱你,不知道你会不会相信?

——饶雪漫

如果你希望一个人爱你,最好的心理准备是,并不是非他不可。你要坚强独立,让自己有自己的生活重心,有寄托,有目标,有光辉,有前途。总之,让自己有足够多使自己快乐的源泉,然后,再准备接受或不接受对方的爱。

——罗兰

对于一个灵魂孤寂的人来说,伴侣并不是一种实际的安慰,爱情的野心令人备受痛苦,期待与狮子匹配的梅花鹿必然为爱而死。花言巧语,对于了解你的人而言，无异于抖露了你的空虚与弱点。

——莎士比亚

回忆是病毒，附着在这些衣服上，我若是不狠心把它们抛弃，稍不留神，那些病毒便渗进皮肤融入血液一路高奏凯歌直通大脑，大脑反应不过来，便会让心跟着一起负担，于是我整个人，便会再次陷入自怜自艾的死机状态。

——鲍鲸鲸

在这样一个瞬时性组构的世界里，一切选择都失去了充足的理由，一切结果都变得十分的合理。幸福何堪？苦难何重？或许生活早已注定了无所谓幸与不幸。我们只是被各自的宿命局限着，茫然地生活，苦乐自知。就像每一个繁花似锦的地方，总会有一些伤感的蝴蝶从那里飞过。

——米兰·昆德拉

其实爱情是有时间性的，认识得太早或太晚都是不行的，如果我在另一个时间或空间认识她，这个结局也许会不一样。

——《2046》

很多时候，我们以为特别爱那个人。但更多的时候，我们爱的是那个自己想象中的人，或者说，爱上了爱情本身这件事情。更或者说，我们过于美化爱情这件事情了，它远远不如我们想象的美妙，更多的时候，它只是生活中的一件事物，也会渐次消亡。

——雪小禅

我们常常看到的风景是：一个人总是仰望和羡慕着别人的幸福，一回头，却发现自己正被仰望和羡慕着。其实，每个人都是幸福的。只是，你的幸福，常常在别人眼里。

——马德

喜欢的人，放在心里，像沉淀在玻璃杯底的蜂蜜团，香香的，亮亮的，委屈的时候，舔一口回忆，心里就不那么苦了。

——黎戈

相信唯一，你就注定在茫茫人海东跌西撞、寻寻觅觅，如同一叶扁舟想捕获一匹不知潜在何处的鳟鱼，等待你的是无数焦渴的黎明和失眠的月夜。

——毕淑敏

有时我会爱错人。好在我不是一个急于表达的人，某种叫矜持和小自尊的东西救了我，从爱到不爱，都是我一个人独自经历的过程。往往到我已经不再爱他的时候，虽然我没有说他半句不是，但他也恍然察觉我不带他玩了。而这个惩戒，貌似很小，貌似无意，其实非常庄重和决绝。

——赵丽华

一段男女情爱的关系，是自己与他人和世界之间的关系的倒影，是自我的投射面。这段关系像一面镜子，清清楚楚照亮她自己。如果不是一段强烈的开启封闭心扉的关系，她没有机会相遇到隐匿在内心深处中的自我。看到这个孩童的脆弱、需索、哭泣、甜美，看到她的历史、记忆、创伤和情结；看到褶皱的幽微和向往的光明。

——安妮宝贝

我那时还不懂，不懂自己可能迟早要伤害一个人，给她以无法愈合的重创。

在某种情况下，一个人的存在本身就要伤害另一个人。

——村上春树

一旦恋爱成为痛苦，那就是爱得过分了；如果和亲近朋友的谈话内容主要是关于他的话题，他的思想感情，那就是爱得过分了；如果不喜欢他的许多基本特点、道德观念、言行举止，但却仍能忍受，认为只要我们能有吸引力并给以足够的爱，他就会为我们而改变，那就是爱得过分了。

——罗宾·诺伍德

喜欢在你身上留下属于我的印记，却不曾记起你从未属于过我。如果有一天，不再喜欢你了，我的生活会不会又像从前那样堕落、颓废，我不想再要那样的生活，所以，在我还没有放弃你之前看，请你至少要喜欢上我。

——柏拉图

一个人总要走陌生的路，看陌生的风景，听陌生的歌，然后在某个不经意的瞬间，你会发现，原本费尽心机，想要忘记的事情真的就这么忘记了。

——郭敬明

人在福中不知福，直到有一天苦了，才对比出以前的甜。所以甜中总有苦，福中总有祸的人，最能感受幸福。所以，淡淡的君子之交最能长久，若即若离的爱情最堪回味。

——刘墉

你一定从来没有真心地爱过一个人吧！我想应该是的，所以你才能轻易说出口，如果在这世界上有人突然从你身边消失了，这世界不会因他而改变，时间仍然不停地运转，但是就是觉得身边缺少了什么，你能了解这种感受吗？

——《冬季恋歌》

当你感觉人生没那么如意,当你对自己的表现没那么满意,当你对自己爱的人或自己感到失望,当你觉得自己再也坚持不下去的时候,请记得对自己说:没关系,我们都是这样长大的。

——饶雪漫

那人不是你所想那般爱你,但不代表那人不是全心全意地爱你。

——柏拉图

幸福是灵魂的产品,不仅仅是爱情的成就。在这方面,爱情和天气一样,都不是出游所必需的。现在,你可以收拾残局了。只有收拾过失恋残局的人,才知道爱情并没有我们想象的那样神圣和必不可少。它也是可以重来的。快乐根本就不是一种感受,而是一种决定。随时随地都可以做出,权力全在于你。

——毕淑敏

那一瞬间,你终于发现,那曾深爱过的人,早在告别的那天,已消失在这个世界。心中的爱和思念,都只是属于自己曾经拥有过的纪念。我想,有些事情是可以遗忘的,有些事情是可以纪念的,有些事情能够心甘情愿,有些事情一直无能为力。我爱你,这是我的劫难。

——安妮宝贝

我问佛:为何不给所有女子羞花闭月的容颜?佛曰:那只是昙花一现,用来蒙蔽世俗的眼。没有什么美可以抵过一颗纯净仁爱的心,我把它赐给每一个女子,可有人让它蒙上了灰。我问佛:遇到了可以爱的人却又怕不能把握该怎么办?佛曰:留人间多少爱,迎浮世千重变。和有情人做快乐事,别问是劫是缘。

——仓央嘉措

爱到分才显珍贵，很多人都不懂珍惜拥有。只到失去才看到，其实那最熟悉的才是最珍贵的。

——柏拉图

爱情用来遗忘，感情用来摧毁，忠诚用来背叛，在时之洪流中起落，人心常常经不住世事熬煮。一切都存在变数。猜得着故事开头，却往往料不到最后结局。我们躲不开，尘世后那只翻云覆雨的手。

——安意如

千万不要在一个男人视你为红颜知己大谈家私之后投怀送抱，会把他刚刚建立起来的那点尊重和信赖全部输光的。他得到一个女人，却失去一个朋友，是件很煞风景的事。

——西岭雪

在爱情的世界里，总有一些近乎荒谬的事情发生，当一个人以为可以还清悔疚，无愧地生活的时候，偏偏已到了结局，如此不堪的不只是爱情，而是人生。

——三毛

如果我的死亡可以换得你的一点点幸福，我甘愿，只是，来生，不要再让我错遇了你，却永远得不到你的爱。唯一的心，追随我的爱人，所有的爱，倾尽于此，来生——我无心，亦无爱。

——徐志摩

凡世的喧嚣和明亮，世俗的快乐和幸福，如同清亮的溪涧，在风里，在我眼前，汩汩而过，温暖如同泉水一样涌出来，我没有奢望，我只要你快乐，不要哀伤。

——郭敬明

爱情的抉择有时候跟赌博没有两样,你可能赢,也可能输得一败涂地。你决定去还是不去的时候,要考虑的不是你将来会不会后悔,也不是他会不会永远爱你。因为你根本无法知道答案。最重要的,是你爱不爱他,是不是爱他爱到愿意豪赌这一铺,虽然你是个贫穷的赌徒。

——张小娴

遇见是两个人的事,离开却是一个人的决定,遇见是一个开始,离开却是为了遇见下一个离开。这是一个流行离开的世界,但是我们都不擅长告别。

——米兰·昆德拉

就在我以为一切都没有改变、只要我高兴就可以重新扎入你的怀抱一辈子不出来的时候,其实一切都已经沧海桑田了,我像是躲在壳里长眠的鹦鹉螺,等我探出头打量这个世界的时候,我原先居住的大海已经成为高不可攀的山脉;而我,是一块僵死在山崖上的化石。

——郭敬明

暗恋最伟大的行为,是成全。你不爱我,但是我成全你。真正的暗恋,是一生的事业,不因他远离你而放弃。没有这种情操,不要轻言暗恋。

——张小娴

我爱你不是因为你是谁,而是我在你面前可以是谁。

——《剪刀手爱德华》

玫瑰花:哦,如果我想跟蝴蝶交朋友的话,当然就得忍耐两三只毛毛虫的拜访。我听说蝴蝶长得很漂亮。况且,如果没有蝴蝶,没有毛毛虫,还会有谁来看我呢?你离我那么远……至于大动物,我才不怕呢,我有我的利爪啊。

——安东尼·德·圣·爱克苏佩里

爱上一个人的时候,总会有点害怕,怕得到他;怕失掉他。

——张小娴

情爱的曼妙在于不受控制,不可预知。你永远不会知道,你会在什么时候爱上一个人,又在什么时候,你发现即使眉目相映,也再不能够千山万水,在什么时候就互相遗忘了。

——安意如

不用想起。哪怕是一闪而过的记得。任何一个人,失去了另一个人,都会活得一如既往。黯然酸楚是属于怀念的事情,但是遗忘更轻省。不是你想的那样,真切的感情,从来都不会是坚韧的。

——安妮宝贝

誓言是开在舌上的莲花,它的存在是教人领悟,爱已入轮回,你们之间已过了那个不需要承诺就可以轻松相信的年代。而这大抵是徒劳的,人总以为得到誓言,才握住实质的结果,就像女人以为拥有了婚姻,就等于拥有了安全感。于是,给的给要的要,结果,在誓言不可以实现兑现的时候,花事了了。出尘的莲花也转成了愁恨,愁多成病,此愁还无处说。

——安意如

也许每一个男子全都有过这样的两个女人，娶了红玫瑰，久而久之，红的变成了墙上的一抹蚊子血，白的还是窗前明月光；娶了白玫瑰，白的便是衣服上的一粒饭黏子，红的却是心口上的一颗朱砂痣。

——张爱玲

恋爱，在感情上，当你想征服对方的时候，实际上已经在一定程度上被对方征服了。首先是对方对你的吸引，然后才是你征服对方的欲望。

——柏拉图

时间，让深的东西越来越深，让浅的东西越来越浅。看得淡一点，伤的就会少一点，时间过了，爱情淡了，也就散了。别等不该等的人，别伤不该伤的心。我们真的要过了很久很久，才能够明白，自己真正怀念的，到底是怎样的人，怎样的事。

——张爱玲

分手后不可以做朋友，因为彼此伤害过。不可以做敌人，因为彼此深爱过，所以我们变成了最熟悉的陌生人。

——佚名

多话的女人总是容易被看轻。名正则言顺。没有地位的人最好少说话。如果不能为自己辩解，那么沉默也是一种选择。

——西岭雪

男人很少可以长得真正有味道，往往不是太粗就是太弱，总有这里那里的不顺眼。不像女人，万紫千红总是春。男人，只有那么屈指可数的几种模本，兵马俑是一种，二郎神是另一种，李白是第三种，再其余的，都是变种。

——西岭雪

没有男人或女人是值得你为他流眼泪，值得的那一位，不会要你哭。

——柏拉图

就算你不快乐也不要皱眉，因为你永不知道谁会爱上你的笑容。

——颜凉雨

第三篇

第一辑　活着需要一些思考

一个人进入另一个人心灵的过程是一个可怕的过程，可怕在哪？可怕就在于思想本身，思想本身的危险就在于思想本身是不安的。它拒绝接受已经形成的定见，他需要从自己的思考和感受出发去认识人，这本身就意味着动荡、不安、危险，还有进步。就像一个被按在水里的人，呛了水才能够学会思考。

——柴静

读懂了淡定，才算读懂了人生。少走了弯路，也就错过了风景，无论如何，感谢经历；生活的主题就是面对复杂，保持欢喜；现在事，现在心，随缘即可；未来事，未来心，何须劳心。

——《淡定的人生不寂寞》

不到最后一刻，千万别放弃。最后得到好东西，不是幸运，有时候，必须有前面的苦心经营，才有后面的偶然相遇。

——张小娴

当所有人都拿我当回事的时候，我不能太拿自己当回事。当所有人都不拿我当回事时，我一定得瞧得上自己。这就是淡定，这就是从容。

——杨金贵

作茧自缚的情况，绝不如想象的那样罕见，它们广泛地存在于我们周围，空气中到处都飘荡着纷飞的乱丝。就像钱的丝飞舞着。很多人在选择以钱为生命指标的时候，就是在作茧自缚的时候。

——佚名

最忙的一天是"改天"，人人都说"改天有空聚"，但"改天"永远没空过。最远的一次是"下次"，人人都说"下次一定来"，但"下次"从没有来过。真正的疏远，总爱穿着热情的衣服。真正的热情，却常一身疏远的行头。有一种亲热如此疏远，比如，改天有空聚、下次一定来。

——苏芩

慢慢觉得，所谓坚定不移，其实就是两个人都能在彼此犹豫的时候拉对方一把，路就走下去了。人生那么长，未知的东西那么多，我等皆凡人，总会遇到各种问题。我们不能保证一个美好积极的未来，但我至少能保证，给你我的心。

——《你当温柔，却有力量》

人在一条路上走得太久，就会忘了当初为什么出发。婚姻也是如此，惯性推着人往前，可回头却需要付出更高的代价。

——辛夷坞

人们总是用一生来等待开始新的生活，这是很常见的现象。等待是思维的一个状态，意味着你需要未来，而你不要现在。你不要此时此刻，你把希望寄托于未来。丧失对当下时刻的意识，会大大地降低你的生命质量。

——埃克哈特·托利

总有些事，管你愿不愿意，它都要发生，你只能接受；总有些东西，管你躲不躲避，它都要来临，你只能面对。

——佚名

所有的人，起初都只是空心人，所谓自我，只是一个模糊的影子，全靠书籍绘画音乐电影里他人的生命体验唤出方向，并用自己的经历去充填，渐渐成为实心人。而在这个由假及真的过程里，最具决定性的力量，是时间。

——三毛

人生就是这样，得失无常，祸福互倚，凡是路过的，都算风景；能占据记忆的，皆是幸福。等走远了再回望，你才发现，挫败让人坚强，别离令人珍惜，伤痛使人清醒。只有从过去中站起，明天才会有希望。

——佚名

婚姻也许能改变你的一生，但不是每个人都愿意。梦想也许能改变你的一生，但成功要付出太大代价。想改变人生，就要抛弃旧生活。没放弃，就没获得。所以要想好，你要的究竟是全新的人生，还是安逸的生活。

——石康

心灵的房间，不打扫就会落满灰尘。蒙尘的心，会变得灰色和迷茫。我们每天都要经历很多事情，开心的，不开心的，都在心里安家落户。事情一多，就会变得杂乱无序，心也跟着乱起来。痛苦的情绪和不愉快的记忆，如果充斥在心里，就会使人萎靡不振。所以，扫地除尘，能够使黯然的心变得亮堂。

——史铁生

一个人如果想获得他所缺少的东西，最好的办法还是把他已有的东西都加以舍弃。正是由于我们力图增加我们的幸福，才使我们的幸福变成了痛苦。一个人只要能够生活就感到满足的话，他就会生活得很愉快，从而也生活得很善良，因为，做坏事对他有什么好处呢？

——卢梭

一生只会有寥寥几个这样珍贵的片刻。你撞上了一桩什么物事，足以改变你和这个世界相处的方式。就在那个瞬间，你永远告别了懵然的旧时光。你感觉到前所未有的饱满，虽然也感觉到一些些的失落。你知道这样的经验是无法言说、难以分享的。而且渐渐地，你会习惯这种孤独，甚至享受起这种孤独。

——马世芳

人生的困境，有时是自己编织出来的蜘蛛网。人生的绝境，往往也是你内心创造出来的假象。其实，生命里那些让你过不去的境遇，都是未来让你成长蜕变的养分。当你看清这个真相，你会发现，原来老天从不会让你走投无路；相反地，是你的恐惧和妄想，逼你走入绝境。

——《我与这个世界温柔相处》

时间限制了我们，习惯限制了我们，谣言般的舆论让我们陷于实际，让我们在白昼的魔法中闭目塞听不敢妄为。白昼是一种魔法，一种符咒，让僵死的规则畅行无阻，让实际消磨掉神奇。所有的人都扮演着紧张、呆板的角色，一切言谈举止一切思绪与梦想，都仿佛被预设的程序所圈定。

——史铁生

我们常常会因为拥有而快乐，为失去而悲伤，有时候，不知足的人拥有一切却享受不到。知福的人看似一无所有，却是样样都有。舍与得全在一念之间转换。其实，人生的实相，往往隐藏在追求和拥有底下，是某个让人有所寄托，让人身心安顿的东西。

——吴舒欣

思维是灵魂的自我谈话。

——柏拉图

人应当相信,不了解的东西总是可以了解的,否则他就不会再去思考。

——歌德

那年的冬天特别寒冷,整个城市笼罩在阴湿的雨里。灰蒙蒙的天空,迟迟不见着阳光,让人感到莫名的沮丧,常常走在街上就有一种落泪的冲动……但是冬天总是会过去,春天总是会来。

——几米

不管怎样的事情,都请安静地愉快吧!这是人生。我们要依样地接受人生,大胆地大胆地,而且永久地微笑着。

——卢森堡

多听,少说,接受每一个人的责难,但是保留你的最后裁决。

——莎士比亚

喜欢自己,因为你是今生的唯一;善待自己,你将获得对自己的认同和理解;只有爱自己才能更好地给予他人,让别人喜欢自己!

——佚名

有些人的生命没有风景,是因为他只在别人造好的,最方便的水管里流过来流过去。你不要理那些水管,你要真的流经一个又一个风景,你才会是一条河。

——蔡康永

一个人如果能在心中充满对人类的博爱，行为遵循崇高的道德，永远围绕着真理的枢轴而转动，那么他虽在人间也就等于生活在天堂中了。

——弗朗西斯·培根

最明亮的欢乐火焰大概都是由意外的火花点燃的。人生道路上不时散发出芳香的花朵，也是从偶然落下的种子自然生长起来的。

——塞缪尔·约翰逊

如果有人错过机会，多半不是机会没有到来，而是因为等待机会者没有看见机会到来，而且机会过来时，没有一伸手就抓住它。

——罗兰

人唯有用心灵才看得真，重要的事情是眼睛看不见的。

——安东尼·德·圣·爱克苏佩里

年少时不知道什么是爱，以为自己高兴了就是爱，不高兴了也就不爱了，直到失去了某个人，才猛然发现，爱字冗杂得太多太多，岂止三两句，几页诉说能阐明的。能坚持的时候千万别轻易放手，失去了就去让自己变得更好。

——王安忆

痛苦和寂寞对年轻人是一剂良药，它们不仅使灵魂更美好、更崇高，还保持了它青春的色泽。

——大仲马

爱情不是愚公移山，也不是铁杵磨成针，在表态之后得不到回应、在明知不可为的时候放弃是最优雅的。

——张小娴

人在旋转木马上不断地旋转，眼前的景物交会而过，一幕一幕地消逝而去，又一再重现，流动也没有离别的痛苦。

——张小娴

离别和重逢，早不是我们难舍的话题。褥子上，繁花已开，开到荼蘼，到底来生还有我们的花季。今夜，星垂床畔，你就伴我漂过这最后一段水程，了却尘缘牵紧。

——张小娴

有一些人，这辈子都不会在一起，但是有一种感觉却可以藏在心里，守一辈子。

——张小娴

我永远相信只要永不放弃，我们还是有机会的。最后，我们还是坚信一点，这世界上只要有梦想，只要不断努力，只要不断学习，不管你长得如何，不管是这样，还是那样，男人的长相往往和他的才华成反比。今天很残酷，明天更残酷，后天很美好，但绝大部分是死在明天晚上，所以每个人不要放弃今天。

——马云

我们太多次地以为那个让我们感到空虚的事物是外在的，因此一直在外徒劳无功地寻找。如果你愿意反观自身，回到自己的内在，陪伴自己，做自己最好的朋友，你会发现，你的内在空间加大了，内在力量增强了，而你的外在世界也会随之改变。

——张德芬

我过着过着突然明白了,现在就是小时候想过无数次要为之奋斗的未来啊。所以最现实的做法就是把现在的事情、眼前的事情做好。今天的一切相加就等于未来。

——徐泓

人生据说是一部大书。假使人生真是这样,那么,我们一大半作者只能算是书评家,具有书评家的本领,无须看得几页书,议论早已发了一大堆,书评一篇写完交卷。

——钱钟书

在我们现实生活中,都会经历不少的挫折,一个人的一生中,绝对不会是一帆风顺,人生的路就如小河一样弯弯曲曲。这个时候,我们应该怎么办呢?是逃避,或投降,还是视而不见?这样都不行,我们需要的是——勇敢地奋斗。

——佚名

潮流是只能等不能追的,这和在火车站等候火车是一个道理,乖乖留在站上,总会有车来,至于刚开走的车,我们泛泛之辈是追不上的。

——韩寒

一句话的意义在听者的心里,常像一只陌生的猫到屋里来,声息全无,直到"喵"的一叫,你才发觉它的存在。

——钱钟书

记住的,是不是永远不会忘记,我守护如泡沫般灿烂的童话,快乐才刚刚开始,悲伤却早已潜伏而来。

——几米

人活世上，第一重要的还是做人，懂得自爱自尊，使自己有一颗坦荡又充实的灵魂，足以承受得住命运的打击，也配得上命运的赐予。倘能这样，也就算得上做命运的主人了。

——周国平

男人总会忽略身边最爱他的人，而宁愿花时间去应酬那些陌生人。女人总是把太多时间放在最爱的人身上，而完全忽略了身边其他的人。所以说啊，男人不要为全世界而活，真正属于男人的，或许只有那一个爱人，几个家人。女人也不要只为一个人而活，你的人生，还可以拥有全世界。

——赵格羽

一个人要做到对自己的美、聪明、善良，完全不自知，才显贵重，就仿佛栀子花不知道自己有多香，兰花不知道自己有多幽静。天分，天性，从来都不需要发言和解释。

——安妮宝贝

人生，没有什么东西是你应该得到的。试着将焦点放在自己已经拥有的，而不是那些想得到的；即便再怎么平淡，也是属于自己独一无二的小小幸福。

——《我还有什么不能释怀》

我想如果一个人，她按照自己的意愿做了自己想做的选择，没有成为自己不想成为的人，做自己不想做的事；她能够干干净净、善良地活着，能够诚实本然地面对自己，这样的人生也许不算多么光辉灿烂，但也未必就比你的、我的人生更糟糕。

——水木丁

成功就是当你醒来，无论身在何处，无论年龄多大，你很快从床上弹起，因为你迫不及待地想去做你爱做的，你深信的，你有才华做的工作。这工作比你个人伟大、神圣。

——怀特·霍布斯

假如你吃了一个鸡蛋，觉得味道不错，何必要去看看那只下蛋的母鸡呢？

——钱钟书

天下就没有偶然，那不过是化了妆的、戴了面具的必然。

——钱钟书

当我猜到谜底，才发现，宴席已散，一切都已过去。当我猜到谜底，才发现，一切都已过去，岁月早已换了谜题。

——席慕蓉

友谊和花香一样，还是淡一点的比较好，越淡的香气越使人依恋，也越能持久。

——席慕蓉

人生的重大决定，是由心规划的，像一道预先计算好的框架，等待着你的星座运行。如期待改变我们的命运，请首先改变心的轨迹。

——毕淑敏

人世间的事情莫过于此，用一个瞬间来喜欢一样东西，然后用多年时间来慢慢拷问自己为什么会喜欢这样东西。

——韩寒

每个人都是一个国王,在自己的世界里纵横跋扈,你不要听我的,但你也不要让我听你的。

——郭敬明

上天给每个人一份天才,只是它藏在某个角落,等着你的老师、你的长官,或是你自己,把它发掘出来。

——刘墉

据说每个人需要一面镜子,可以常常自照,知道自己是个什么东西。不过,能自知的人根本不用照镜子;不自知的东西,照了镜子也没有用。

——钱钟书

如果是只有自己一个人的时候,我就会陷入深深的恐慌和绝望中。那些接纳过的爱都被冲刷掉了,于是我常常陷于无爱的恐慌里。我担心自己的脑子由于过分空白而变得麻木,因为麻木而变得不能去爱。

——张悦然

我们都是孤独的刺猬,只有频率相同的人才能看见彼此内心深处不为人知的优雅。我相信这世上一定有一个能感受到自己的人,那人未必是恋人,他可能是任何人,就像电影中的忘年之交:荷妮与芭洛玛。在偌大的世界中,我们会因为这份珍贵的懂得而不再孤独。

——妙莉叶·芭贝里

谁伤害过你,谁击溃过你,都不重要。重要的是谁让你重现笑容。

——佚名

尽管这个世界破洞百出，但真的不用担心哦。每个破洞都会找到一个补洞的人。但是，如果我们轻易放弃我们应该做的，世界同样也会放弃我们！最后，连角落都不给我们躲藏了！

——几米

生命中一定要有所热爱。不见得我们能够将自己所热爱的事情作为职业，但一定要有一件事，它是我们在所有其他人、事、物上付出时间与心力的充分理由，是我们做出任何努力的发心所在，也是我们整个生命之流的导归之处。若没有它，我们将活得漫无目的，鸡零狗碎。

——扎西拉姆·多多

宽容的基础是理解，你理解吗？宽容不是道德，而是认识。唯有深刻地认识事物，才能对人和世界的复杂性了解和体谅，才有不轻易责难和赞美的思维习惯。

——柴静

无论多么美好的体验都会成为过去，无论多么深切的悲哀也会落在昨天，一如时光的流逝毫不留情。生命就像是一个疗伤的过程，我们受伤，痊愈，再受伤，再痊愈。每一次的痊愈好像都是为了迎接下一次的受伤。或许总要彻彻底底地绝望一次，才能重新再活一次。

——余华

一辈子那么长，一天没走到终点，你就一天不知道哪一个才是陪你走到最后的人。有时你遇到了一个人，以为就是她了，后来回头看，其实她也不过是这一段路给了你想要的东西。

——辛夷坞

疲倦是一种淡淡的腐蚀剂,当它无色无嗅地积聚着,潜移默化地浸泡着我们的神经,意志的酥软就发生了。

——毕淑敏

一生中你唯一需要回头的时候,是为了看自己到底走了多远。

一个人做事,可能只是顺着他的本能或社会的风俗习惯。就像小孩和原始人那样,他做他所做的事,然而并无觉解,或不甚觉解。这样,他所做的事,对于他就没有意义,或很少意义。他的人生境界,就是我所说的自然境界。

——冯友兰

我们应该每天听一首歌、读一首诗、看一幅好画;可能的话,再说几句合理的话。

——歌德

我爸爸常常告诉我,他曾亲眼看见多少贫穷之家兴起来,多少富贵之家衰下去,他告诉我说,最重要的事,就是不要依赖着金钱,人应当享受财富,也要随时准备失去了财富时应当怎么过日子。

——林语堂

人从不理会陀螺的埋怨,不断地鞭策,只想让陀螺转得更快、更稳。人知道,没有鞭策,陀螺就会倒下。陀螺只有转着,才能站着。但陀螺是不会察觉人的苦心的,只能抱怨自己的不幸。这只陀螺迟早会倒下去,因为它不懂得自己鞭策自己。一个人也只有自我鞭策,才能站得长久;也不要怀恨鞭策你的人。

——佚名

心小了,小事就大了。心大了,大事就小了。心累了,身体就累了,心乱了，外境就乱了，心不动，万物就在那里。不生不灭，不垢不净，不增不减，这就是心的力量！

——佚名

许多人想行云流水过此一生，却总是风波四起，劲浪不止。平和之人，纵是经历沧海桑田也会安然无恙。敏感之人，遭遇一点风声也会千疮百孔。命运给每个人同等的安排，而选择如何经营自己的生活、酿造自己的情感，则在于自己的心性。

——白落梅

人生不只是坐着等待，好运就会从天而降。就算命中注定，也要自己去把它找出来。努力与否，结果会很不一样的。在我过去的体验中，只要越努力，找到的东西就越好。当我得到时，会感觉一切好似注定。可是若不努力争取，你拿到的可能就是另一样东西，那个结果也似注定。

——李安

独处，也是一种短暂的自我放逐，不是真的为了摒弃什么，也许只是在一盏茶时间，回到童年某一刻，再次欢喜；也许在一段路的行进中，揣测自己的未来；也许在独自进餐时，居然对自己小小地审判着；也许，什么事也想不起来，只有一片空白，安安静静地若有所悟。

——《独处》

人可以不清楚，但不可以不清醒。要让一颗心，慢慢地欣赏在路上，而不是憔悴挣扎在路上。活一回，不是来过、活过，而是没白来、没白活。至少，你要活得像自己。这句话的言外之意是，你只有活出了自己，找到了自己，这个世界才能找到你。

——马德

读书多了，容颜自然改变，许多时候，自己可能以为许多看过的书籍都成过眼烟云，不复记忆，其实它们仍是潜在的，在气质里、在谈吐上、在胸襟的无涯，当然也可能显露在生活和文字中。

——三毛

一个人经历越多，抱怨就会越少。跟成天抱怨的人比起来，他经受的波折可能更多。越优秀的人越努力，跟平庸的人比起来，他所付出的汗水并不少。这一现象的症结在于，优秀的人总能看到比自己更好的，而平庸的人总能看到比自己更差的。成为什么样的人，不是理想说了算的，而是看你选择什么样的方向去努力。

——佚名

第二辑　每个人都是独立的旅人

摆出无比亲密的态度，装模作样地与对方套近乎，频繁地联系对方。这都说明他们并不相信自己得到了对方的信赖。若是相互信赖，便不会依赖亲密的感觉。在外人看来，反而显得冷淡。

——尼采

在我们这个世界上，精神饥渴的人随处可见，那些生活在沮丧、消极、失败、忧郁中的人，他们都迫切需要精神的滋养和灵感的召唤，但他们几乎全都排斥再充实他们的心灵，任由心灵黯淡无光。

——洛克菲勒

人生的路，本来就在一念之间，没有勇气走出自己的路，却推诿于其他人的生活观，是何等懦弱的情绪？天地之间本来就无限广阔，其他人的生活观是其他人的事，这个城市多么无辜，它从来也不曾困住人，是人的狭隘思维困住了这城市。

——朱少麟

寂寞在生长，它的生长是痛苦的，如同男孩的发育成长，是悲哀的，像是春的开始。你不要为此而迷惑。我们最需要的只是：寂寞，广大的内心的寂寞。

——里尔克

或许这就是人生，一个人呼吸、走路，只为了有朝一日会转过头回顾，见到自己被留在身后，然后认出后方在每个阶段蜕变而死去的自己，并对每往前跨进一步时所留下的债，漠然以待。

——阿图罗·佩雷斯·雷维特

我们每个人生在世界上都是孤独的。每个人都被囚禁在一座铁塔里，只能靠一些符号同别人传达自己的思想；而这些符号并没有共同的价值，因此，它们的意义是模糊、不确定的。我们非常可怜地想把自己心中的财富传送给别人，但是他们却没有接受这些财富的能力。因此我们只能孤独地行走，尽管身体相互依傍却并不在一起，既不了解别的人也不能为别人所了解。

——毛姆

若是张望"明年此时"，则不免胆寒，毕竟那还不足以与当下的种种牵扯和负担拉开无论是冷静抑或抒情的距离。然而想的若是"十年后"，就像电影里过场的一个黑镜头，两秒钟，一整世界的声光气味都两样了，中间那每分每秒拖曳着积累着的光阴也不用想了，多省心。

——马世芳

一个人越聪明、越善良，他看到别人身上的美德越多；而人越愚蠢、越恶毒，他看到别人身上的缺点也越多。

——列夫·托尔斯泰

当你对一个人从"想念"变成"想起"，说明你已经心甘情愿地从他的生活中蒸发掉了。至于到底是你蒸发了他，还是他蒸发了你，这是两个概率几乎相等的可能性，就像投一个硬币，结果是哪一面，都不意外。

——《阿司匹林》

每只毛毛虫都可以变成自己的蝴蝶。只不过,在变成蝴蝶之前,自己会先变成作茧自缚的蛹。在茧里边面对自己制造的痛苦,任何挣扎或试图改变的行为都是徒劳的。蛹只有一个选择,那就是放弃所有抗拒,全然接纳当下的感觉、平静等待。直到有一天破茧而出成为蝴蝶。

——《亲密关系》

每当我似乎感受到世界的深刻意义时,正是它的简单使我震惊。走向我的东西并不是对更加美好的日子的希望,而是对一切、对我自己纯净而又原始的冷漠。应该粉碎这过于绵软、容易的曲线。我需要我的清醒,是,一切都是简单的,是人自己使事物变复杂了。

——加缪

我们最大的悲哀,是迷茫地走在路上,看不到前面的希望;我们最坏的习惯,是苟安于当下生活,不知道明天的方向。

——麦家

我们常常痛感生活的艰辛与沉重,无数次目睹了生命在各种重压下的扭曲与变形,"平凡"一时间成了人们最真切的渴望。但是,我们却在不经意间遗漏了另外一种恐惧——没有期待、无须付出的平静,其实是在消耗生命的活力与精神。

——米兰·昆德拉

别人站得远,我们就走近,距离便会缩小;别人若冷漠,我们待以热情,就会逐渐热络。唯有主动付出,才有丰富的果实获得收获。用微笑面对人生,也要面对自己的悲伤与痛苦,我们能面对悲伤,就是因为心中有信念。没有什么事难得倒自己的,坚信光芒,铭记于心。

——《微笑是来自内心的光芒》

我必须在逆境中努力做到最好。我发现，如果我这样做的话，情况往往会迅速好转；相反，如果我试图逃避或者想把问题赶走，我会变得越来越焦虑，情况也会越来越糟。

——蒂姆·冈恩

有一种失落，不能说，只能靠感受；有一种悲凉，不能说，只能靠敛藏；有一种喜欢，只能靠欺骗来隐瞒；有一种心痛，叫作爱不能语。

——张爱玲

真正的爱，不会让你生病，更不会让你感到痛苦、焦虑、彷徨、恐惧……你之所以病了，你之所以会突发这些负面情绪，是因为，你的索取、自私、控制、占有、爱比较……虽然很多人一直误解，固执地认为这都是对方造成的。

——《为什么有些人永不受伤》

心里有些话，想说出来。也许不一定是为了告诉你，也许有些话只是为了告诉自己。

——席慕蓉

不再逼自己成为更美好的人，不再强迫自己成为别人。出淤泥的莲花已经绽开，它生来就是一朵完美的莲花，完全不必与玫瑰比较，也不必努力成为一朵更好的莲花，现在就是最美好的时刻。

——李欣频

上帝关上了一道门，从未同时为你开启一扇窗，上帝做的，只是告诉你有窗，其他的已经不是上帝的事情。这就是这句话的谜底。其实，但凡知道这个谜底的人，都不会祈祷上帝的恩赐，他会自己努力去"开窗"。

——《上帝的那扇窗不会自己开启》

我们这个时代的人，情绪变得很多，感觉变得很少；心思变得很复杂，行为变得很单一；脑的容量变得越来越大，使用区域变得越来越小。更严重的是，我们这个世界所有的城市面貌变得越来越相似，所有人的生活方式也变得越来越雷同了。

——朱德庸

风平浪静的大海，每个人都是领航员。但是，只有阳光而无阴影，只有欢乐而无痛苦，那就不是人生。以最幸福的人的生活为例，它是一团缠在一起的麻线。在人生清醒的时刻，在哀痛和伤心的阴影之下，人们离真实的自我最接近。

——海明威

如何遇见不要紧，要紧的是，如何告别。有些人，没有在一起，也好。当回忆时，心里仍旧生出温暖，那终究是一场"善缘"。

——秋微

人生好似一个旅程，匆匆赶路的同时别忘了留一份心情欣赏沿途的风景。到达终点不是人生的目的，一路的天高云淡，鸟语花香，才是真正的收获。做不到这一点，哪怕你比别人步步领先，也得不到快乐，只能空留遗憾。

——《趁一切都来得及，做一个快乐的自己》

把快乐寄托在别人身上，总难免会失望。人在某一个限度之外，都无法百分之百地为别人付出。你可以说这是一种自私，但你必须承认，这自私并非恶意。这个世界上谁最可靠？没有别人，只有自己。如果我们自己够坚强、够勇敢、够独立，别人就会对我们好一点。这是一种天赋的公平。

——罗兰

不要急着让生活给予你所有的答案，有时候，你要拿出耐心等等。即使你向空谷喊话，也要等一会儿，才会听见绵长的回音。也就是说，生活总会给你答案的，但不会马上把一切都告诉你。……只要你肯等一等，生活的美好，总在你不经意的时候，盛装莅临。

——马德

你默默地转向一边，面向夜晚。夜的深处，是密密的灯盏。它们总在一起，我们总要再见。再见，为了再见。

——顾城

替别人做点事，又有点怨，活着才有意思，否则太空虚了。

——张爱玲

在生和死之间，是孤独的人生旅程。保有一份真爱，就是照耀人生得以温暖的灯。

——毕淑敏

失望是一种很抽象的东西，它不似开心，只要你咧开嘴笑，大家都知道你开心。但是失望到整张脸都透露出主人很失望的信息，那真的是很失望了。任何抽象的东西具体的时候都是异常强大的。

——韩寒

我喜欢你是寂静的，仿佛你消失了一样，你从远处聆听我，我的声音却无法企及你。好像你的双眼已经飞离去，如同一个吻，封缄了你的嘴。

——聂鲁达

埋下一座城、关了所有灯。

——海子

谁眼角朱红的泪痣成全了你的繁华一世，你金戈铁马的江山赠予谁一场石破惊天的空欢喜。

——海子

人们心神不宁是因为总是拿自己平淡不起眼的生活与别人光鲜亮丽的一面相比较。

——史蒂文·弗蒂克

没有人能回到过去重新开始，但是任何人都能开始新的一天并有一个新的结局。

——玛利亚·罗宾逊

不要询问世界需要什么。问问什么事情可以使你活跃，然后付诸实践。因为世界需要活跃的人。

——霍华德·瑟曼

提醒自己焦虑意味着冲突，而且只要冲突存在就有可能产生建设性的解决方案。

——罗洛·梅

个人总是努力使自己不被群体压倒。如果你努力尝试，你通常会觉得孤独，有时甚至觉得恐惧。但是为保持自我所付出的任何代价都是值得的。

——弗里德里希·尼采

你不能通过生活的点点滴滴展望未来，但你能透过它回顾过去，因此你必须相信这些点滴将与你的未来相联系，你必须相信一些东西——你的内在、命运、因缘，等等。这种方法使我从不失落，也极大地改变了我的人生。

——史蒂夫·乔布斯

我学会了放下你给你自由，只是在半夜听一首歌的时候还是会偶尔想起你。我学会了对每个人笑，对人说人话对鬼说鬼话，只是在最亲最好的人面前还是学不会伪装。我学会了藏起很多秘密，不再是当初那个会对你什么都说的人了，我们都已经变了这么多了。

——卢思浩

每个人都是天才。但是如果你以爬树的水平来评价鱼，那么它此生都只能觉得自己是愚蠢的。

——阿尔伯特·爱因斯坦

掉落深井，我大声呼喊，等待救援。天黑了，黯然低头，才发现水面满是闪烁的星光。我总在最深的绝望里，遇见最美丽的惊喜。

——几米

看了一场看不懂的电影，四处张望。发现别人专注而陶醉，才忽然明白，孤独是什么。

——几米

某种意义上，人生就是一场彻底的清算，一场与自己的本性进行的战争。在这个漫长的过程里面，你需要清算智识上的无明，克服意志上的软弱。你当然可以选择向古人今人亲人朋友陌生人求助，但是归根结底，你没有任何人可以依靠。

——周濂

当爱情缺席的时候，学着过自己的生活。过自己的生活，就是跟自己谈恋爱，把自己当成自己的情人那样，好好宠自己。

——张小娴

一个从不回头的人，未必是因勇敢，也许是怕被识破脸上的泪痕。一个时刻微笑的人，未必是因快乐，可能是怕被看穿心底的叹息。真实，是件很难的事。人总怕被生活轻视，拼命活出一副坚硬的样子。久了，就离自己越来越远。要有多强大，才终于学会不掩饰。一生中最有分量的一个字，原来是——真。

——苏芩

我们所要做的事，应该一想到就做；因为人的想法是会变化的，有多少舌头、多少手、多少意外，就会有多少犹豫、多少迟延；那时候再空谈该做什么，只不过等于聊以自慰的长吁短叹，只能伤害自己的身体罢了。

——莎士比亚

有时候，别人的言行是很难理解的……侮辱和批评，跟泥巴没什么两样。你看，我大衣上的泥点，就是今早过马路时溅上的。如果我当时立即去抹，一定会搞得一团糟。所以我把大衣挂在一边，专心干别的事，等泥巴晾干了再去处理它，就非常容易了。瞧，轻轻弹几下就没事了。

——王悦

对一个女性最有害的东西，就是怨恨和内疚。前者让我们把恶毒的能量对准他人；后者则是掉转枪口，把这种负面的情绪对准了自身。你可以愤怒，然后采取行动；你也可以懊悔，然后改善自我。但是请你放弃怨恨和内疚，它们除了让女性丑陋以外，就是带来疾病。

——毕淑敏

人生中大多数的痛苦不是别人给你造成的，而是自己跟自己过不去。实际上，每个人都会遭受到两支箭的攻击：第一支箭是外界射向你的，它就是我们经常遇到的困难和挫折本身；第二支箭是自己射向自己的，它就是因困难和挫折而产生的负面情绪。

——《不与自己对抗，你就会更强大》

在人群里我喜欢阴暗的角落，不说话，观察别人的表情。这是不厌倦的游戏。有时候我独自在淮海路上走一个下午。我看着人群像鱼，彼此清醒而盲目游动。我喜欢以前在一家小酒吧的黑板上看到的话，它说世上无绝对，只有真情流转。

——安妮宝贝

我所有的自负皆来自我的自卑，所有的英雄气概都来自于我的软弱。嘴里振振有词是因为心里满是怀疑，深情是因为痛恨自己无情。这世界没有一件事情是虚空而生的，站在光里，背后就会有阴影，这深夜里一片寂静，是因为你还没有听见声音。

——马良

人们不断地在前进，可爱情在倒退。上个世纪，我给我的爱人写一封信，起码要两个星期才能到，还要两个星期才能回信，这四个星期是美好的。爱情是需要想象的。从前你收 3 页情书的时候，可能要读 20 次。爱情准备的心境比爱情本身更有意思。我觉得以前的男女在一起比现在更幸福。

——克劳德·勒鲁什

女人想要活得快乐，活得自在，活得幸福，就要用一颗平常心看待名利和荣耀，既不清心寡欲，也不声色犬马；既不自命清高，也不妄自菲薄；既不吹毛求疵，也不委曲求全。如果一个女人能保持淡定，就拥有了一种豁达，一种超然。

——张永生

人生由淡淡的悲伤和淡淡的幸福组成，在小小的期待、偶尔的兴奋和沉默的失望中度过每一天，然后带着一种想说却又说不出来的"懂"，做最后的转身离开。

——龙应台

人们的爱，往往并不一定起于别人爱自己之后的回报，却可能由于自己最先的奉献与牺牲。牺牲愈大，爱得愈深。

——刘墉

我总想保留一个地方，让我独自待在那儿，让我可以在那里爱，不知道爱什么，既不知道爱谁，也不知道怎么爱，爱多久。但要自己心中保留一个等待的地方，别人永远都不会知道，等待爱，也许不知道爱谁，但等的是它，爱。

——杜拉斯

那一刻，她突然明白，自己作为一个女人是多么幸福：大难临头时，有英雄牵住你纤细的手；平凡的日子里，有一个诚惶诚恐的男子，捧住你柔弱的心。

——《最得意的爱情》

生来是个人，终免不得做几桩傻事错事，吃不该吃的果子，爱不值得爱的人；但是，心上自有权衡，不肯颠倒是非，抹杀好坏来为自己辩护。他了解该做的事未必就是爱做的事。这种自我的分裂、知行的歧出，紧张时产出了悲剧，松散时变成了讽刺。

——钱钟书

真正的爱人是你教出来的，而不是你拣个大便宜不劳而获从天上掉下来的。你要教会他用怎样的方式去爱你。

——《爱的方程式》

在你的人生中永远不要弄破四样东西：信任、关系、诺言和心，因为当它们破了，是不会发出任何声响，但却异常的痛苦。

——狄更斯

不懂得畏惧的人不知道什么是困难，也无法战胜困难。只有懂得畏惧的人，才能唤起自己的力量。只有懂得畏惧的人，才有勇气去战胜畏惧。懂得畏惧的可怕，还能超越它，征服它，最终成为它的主人的人，就是英雄。

——当年明月

一定会有那么一天。记忆与想念，不会比我们的生命更长；但我与那一天之间，到底要隔多长的时候，多远的空间，有几多他人的、我的、你的事情，开了几多班列车，有几多人离开又有几多人回来。那一天是否就掺在众多事情、人、时刻、距离之间，无法记认？

——黄碧云

第三辑　感谢我拥有这样的命运

有时候我们要学会说，谢谢。谢谢朋友，一路不离不弃；谢谢敌人，总是磨炼你勇气；谢谢上天，让我在穷途末路，遇到你。

——陆小曼

一个安静的生命舍得丢下尘世间的一切，譬如荣誉、恩宠、权势、奢靡、繁华，他们因为舍得，所以淡泊，因为淡泊，所以安静，他们无意去抵制尘世的枯燥与贫乏，只是想静享内心中的蓬勃与丰富。

——马德

在年轻的时候，如果你爱上了一个人，请你，请你一定要温柔地对待他。不管你们相爱的时间有多长或多短，若你们能始终温柔地相待，那么，所有的时刻都将是一种无瑕的美丽。若不得不分离，也要好好地说声再见，也要在心里存着感谢，感谢他给了你一份记忆。

——席幕蓉

如果你在任何时候，任何地方，你一生中留给人们的都是些美好的东西：鲜花，思想，以及对你的非常美好的回忆，那你的生活将会轻松而愉快。那时你就会感到所有的人都需要你，这种感觉使你成为一个心灵丰富的人。

你要知道，给永远比拿愉快。

——高尔基

我最怕看到的，不是两个相爱的人互相伤害，而是两个爱了很久很久的人突然分开了，像陌生人一样擦肩而过。我受不了那种残忍的过程，因为我不能明白当初植入骨血的亲密，怎么会变为日后两两相忘的冷漠。

——夏七夕

失恋及失业都是被拒绝，难免会有失落，但大可不必 hold 不住难过。因为不论任何原因，当对方下定决心，未来无法再与你同行的那一刻起，你所失去的就再也不是自己梦寐以求的完美关系，而是充满磨难的未来前景。理解这点，反而会让自己感到庆幸。越快微笑告别，就能加速遇见更幸福的自己。

——张怡筠

无论你有多好，总会有不珍惜你的人；幸好，到了最后，所有不珍惜的人，都会成为过去。

——张小娴

最放不下的那点眷恋、痴爱，是你的欣喜，也一定是你的磨难，最终也是教导你成长的老师。

——廖一梅

也许，在所有不被看好，无人尝试的错误的选择背后，会有不曾见到的可能，不曾设计的未知。未知让人恐惧，引人好奇，也因此证明你的勇气，成就你的自信。在每个死胡同的尽头，都有另一个维度的天空，在无路可走时迫使你腾空而起，那就是奇迹。

——廖一梅

如果你被人恶意攻击，请记住，他们之所以这样做，是为了获得一种自以为重要的感觉，而这通常意味着你已经有所成就，并值得别人注意。许多人，在骂那些各方面比他们优秀得多的人的时候，都会获得某种满足感。请将别人不公正的批评当成是对你的另一种认可。

——戴尔·卡耐基

世界上真是有很多人没有安全感，我想，而且想来人应该大抵上都是这样的。只是我不明白为什么人们都要把这些所谓的安全感托付在一些身外之物上，比如房子或者在银行的存款。这地球是如此不可靠地悬在宇宙之中，地震、战争、经济崩溃等会随时把我们的身外之物夺走。所以我不明白为什么这些随时要失去的东西能带给人安全感。

——韩寒

你我形同陌路，相遇也是恩泽一场。

——海子

蜜蜂从花中啜蜜，离开时营营地道谢。浮夸的蝴蝶却相信花是应该向它道谢的。

——泰戈尔

我一直在考虑一件事情，那就是、我是否对得起我所经历过的那些苦难，苦难是什么，苦难应该是土壤，只要你愿意把你内心所有的感受、隐忍在这个土壤里面，很有可能会开出你想象不到、灿烂的花朵。

——陀思妥耶夫斯基

生活中真正的勇士向来默默无闻，喧哗不止的永远是自视高贵的一群。不要怕苦难！如果能深刻理解苦难，苦难就会给你带来崇高感。如果生活需要你忍受苦难，你一定要咬紧牙关坚持下去。

——路遥

世上最心痛的感觉，不是你冷漠地说你已不在意，而是你放手了，我却永远活在遗憾里，不能忘记！但，谁会带你来到人世，会遇到谁，谁给你呵护，谁给你冷漠，谁伤害你，都是未知的，只有发生时，谜底才会揭开。逃不过，只有迎接，只能迎接。

——暗香

生活总是这样，不能叫人处处都满意。但我们还要热情地活下去。人活一生，值得爱的东西很多，不要因为一个不满意，就灰心。

——路遥

这世界只要还有心在，就有来寻找它的人。当我们离别时，不牵挂别的，只是牵挂三五颗好的心。当我含着微笑离去，那不是因为我赚取了金银或什么权柄，而仅仅是，我曾经和那些可爱的人，交换过可爱的心。

——李汉荣

我所理解的生活就是，做自己喜欢的事情，和自己喜欢的一切在一起；对陌生人提防与否，取决于你的出厂原始设定，我喜欢先把人设定成好人，再从中甄别坏人，有些人则反之。但所谓的甄别方式其实就是被坑一次。我相信以诚相待，也相信倒霉认栽。

——韩寒

很多时候我们去爱一个人，不是应该只爱她的优点，更应该喜欢上她的缺点，因为爱本身就是一个包容缺点的过程。

——伊北

放眼望去，但凡总感慨遇不到真爱的人，一定是把爱的门槛提得蛮高。对一个平凡的人而言，谈一份平实的恋爱，也许会是更温暖的感受。当然，前提是，你要从心坎里承认，自己只是个平凡的人。

——苏芩

成长是会"痛"的，因为痛，我们会清醒，因为清醒，就不愿再安于现状，所以改变；因为改变，生命于是向前。

——《我与这个世界温柔相处》

忙是营养。忙，是自己的养分，人要忙起来，才会成长，人生才有意义。闲，只会胡思乱想，无所事事，如同没有了灵魂，没有了中心。

——《修好这颗心》

对一颗不快乐的心来说，一个静静的拥抱就是千言万语。

——佚名

如何才能让一杯混浊的水变清？答案是，停止搅拌，让它慢慢沉淀。问题的解决不在问题之外，而是在我们自己那里。何不放开双手，让烦恼翩翩落下？何不放慢脚步，让幸福从容跟上？

——张鸿勋

有些事，会让你用眼泪哭。有些事，会让你埋在心底里哭。有些事，会让你整个灵魂哭。我们每一个人，都会遇见绝望和痛苦，所有人都会哭，而流泪往往不是最伤心的。你可能心丧若死，却面无表情，枯坐了几天，才突然哭出来，泪水流下时，你才是得救了。眼泪是心里的毒，流出来就好了。

——《哭砂》

很多人非常忙碌，可是许多人却不知道自己为何而忙碌。忙碌这个词本身就富有禅机，只是我们不认识物，才会被这个词的文字表象给迷惑。以为忙碌就是事多充实。事实上这个词说得很清楚，忙碌，就是忙的人肯定是碌碌无为的，忙，不一定可以创造有价值的事情。

——町原

蝴蝶之所以令人感动，是它经过几度变身，从毛毛的黑，蜕变成柔软的绿，再结化成坚强的蛹，最后，凝结成一身的美，绕过我们的身边，横过我们的窗前，飞过我们的青山和蓝天！我愿学习蝴蝶，一再的蜕变，一再的祝愿，既不思虑，也不彷徨；既不回顾，也不忧伤！

——林清玄

你若爱，生活哪里都可爱。你若恨，生活哪里都可恨。你若感恩，处处可感恩。你若成长，事事可成长。不是世界选择了你，是你选择了这个世界。既然无处可躲，不如傻乐。既然无处可逃，不如喜悦。既然没有净土，不如静心。既然没有如愿，不如释然。

——丰子恺

曾经以为，爱一个人是很简单的。爱便是爱，两个人在一起，会很快乐。后来，我们才知道，爱一个人，是多少复杂的情绪。

——张小娴

不要再相互靠近了，毁灭不会终止的。在你的未来，我想告诉你：打破任何我让你产生的想象，努力去爱一个人，但不要过分爱一个人，适度的爱，也不能完全不爱。那种爱足够让你知道怎样做对他才是好的，那种爱足够让你有动力竭尽所能善待对方。

——邱妙津

若你视工作为一种乐趣，人生就是天堂；若你视工作为一种义务，人生就是地狱。热爱工作是一种信念。不管一个人野心有多么大，他至少要先起步，才能到达高峰。收入只是你工作的副产品，做好你该做的事，出色完成你该做的事，理想的薪金必然会来。

——洛克菲勒

不管我会在旅途上遭逢到什么样的挫折，不管我会在多么遥远的地方停留下来，不管我会在他乡停留多久，半生甚至一生！只要我心里知道，在不变的海洋上有一个不变的岛在等待着我，那么，这人世间一切的颠沛与艰难都是可以忍受并且可以克服的了。

——席慕蓉

我也说不准究竟是在什么时间，什么地点，看见了你什么样的风姿，听到了你什么样的谈吐，便使我开始爱上了你。那是好久以前的事。等我发觉我自己开始爱上你的时候，我已经走了一半路了。

——简·奥斯汀

慢慢地，你会养成另外一种心情对付过去的事：就是能够想到而不再惊心动魄，能够从客观的立场分析前因后果，做将来的借鉴，以免重蹈覆辙。一个人唯有敢于正视现实，正视错误，用理智分析，彻底感悟，才不至于被回忆侵蚀。我相信你逐渐会学会这一套，越来越坚强的。

——傅雷

我们之所以活着，是因为有记忆。没有记忆的生命就不能称之为生命了。记忆是一种凝聚力，一种理性，一种情感，甚至是一种行为，没有记忆，我们什么都不是。可我总觉得这世间只有一样东西是真实的，那就是遗忘，任何事到最后一定会被遗忘。

——布努艾尔

蝴蝶的蜕变，是人世间最美丽也最苦难的过程。苦短的生命，纵使只有一刹那艳寰绝代的辉煌，这一生亦是永恒无悔。蝴蝶的美丽不是轻浮，而是理所当然的风华，蝴蝶翩翩飞舞的背后，承受的却是刻骨铭心的沉重。

——梁凤仪

真正点亮生命的不是明天的景色，而是美好的希望。我们怀着美好的希望，勇敢地走着，跌倒了再爬起，失败了就再努力，永远相信明天会更好，永远相信不管自己再平凡，都会拥有属于自己的幸福，这才是平凡人生中最灿烂的风景。

——桐华

浮世喧嚷，浊尘蔽目。人若不能克己行事，持清定之心，势必早晚都会成为盲心人。行存于世悲哀度日却全然不知。知足，知爱，才能知生命的朴质本源。人心都满是破洞。洞外是暖腻的浮光，洞内是隐忍的真相。

——王臣

速度是出神的形式，这是技术革命送给人的礼物。跑步的人跟摩托车手相反，身上总有自己存在，总是不得不想到脚上老茧和喘气；当他跑步时，他感到自己的体重、年纪，就比任何时候都意识到自身与岁月。

——米兰·昆德拉

其实快乐的秘诀很简单，只要你能把垃圾看成黄金，噪音听成天籁，仇人当成贵人，尝试着让自己看事情的角度改变，快乐其实是无处不在的。

——杨冀安

紧紧抓住旧伤痛不放，你就只是给那些伤害你的人力量，让他们控制你。可是当你原谅他们，你就切断了跟这些人的联结，他们就再也不能打击你。千万不要以为宽恕他们是放他们一马，你这样做不为别的，是为了你自己。

——力克·胡哲

一转眼就已挥霍了最后的青春。现实一点一点消磨我们的棱角，侵蚀我们的梦想，在失落、遗憾、不甘、愤懑的时候，想到还有你们，即使有些东西已经再也找不回来，我的掌心始终握着最珍贵的宝藏，给我力量。谢谢上天，让我们在最美的年华彼此遇见。

——《想你们的时候》

也许每个人活着，都需要一场雾，把生活模糊下去，把简单到残酷的、吃喝拉撒的生活模糊下去，让我们对未来有一点好奇——虽然未来注定空空如也，但是这空洞外面，套着这么多盒子，一层一层，一层一层，我们拆啊拆，拆啊拆，花去一辈子的时间。

——刘瑜

对别人的需索，会成为自己的落空；对别人的期许，会成为自己的失望；对别人的依赖，会成为自己的伤痛；对别人的试图占有，会成为自己的禁锢。相反，对别人的忍耐、给予、付出、同情，将会获得安宁、自由、得到、宽恕。

——安妮宝贝

生命有无数种形式，活法不止一种。别人看着自然，自己活得别扭是一种；自己活得自然，别人看着别扭又是一种。过自己喜欢的日子，是最好的日子，活自己喜欢的活法，是最好的活法。人生路上，学会享受生命，避免拖着生命往前走，是人生最好的选择；习惯于无人欣赏，不把自己活给别人看，是人生的智慧。

——佚名

第四辑　等不来的戈多

总有一天我会从你身边默默地走开，不带任何声响，我错过了很多，我总是一个人难过。

——郭敬明

向来缘浅，奈何情深。你转身的一瞬，我萧条的一生，世上最痛苦的事，不是生老病死，而是生命的旅程虽短，却充斥着永恒的孤寂。世上最痛苦的事，不是永恒的孤寂，而是明明看见温暖与生机，我却无能为力。世上最痛苦的事，不是我无能为力，而是当一切都触手可及，我却不愿伸出手去。

——顾漫

很小的时候，听过一句很美丽的话。他们说：蝴蝶飞不过沧海。到现在，我才明白，其实，不是蝴蝶飞不过沧海；只是，当蝴蝶千辛万苦地飞过了沧海，才知道，沧海的这边，从来就没有过等待！我，就好比这只千辛万苦的蝴蝶。而姜生你，就是这片从来不曾等待蝴蝶的海。

——乐小米

有的爱情像指甲，剪了还能长。剪得越快长得越快，似野火吹又生。有的爱情像牙齿，拔掉了就永远没有了。有的爱情像柠檬，没有了还口有清香。

有的爱情却像口香糖，甜蜜过后是如何也抠不掉的脏……对的时候遇到对的人就是好爱情，错的时间遇到错的人必是坏爱情。

——雪小禅

可是请你告诉我，一种暂时忘记你的方法，即使是刹那的麻醉也好，这样我就不会在有任何一点愁思的时候都立刻想到你。无条件地想到你。等待，与思念之间的角力，已是我余生的宿命。

——安意如

在我最需要你的时候，你或许不在我身边。在我想要依靠的时候，你也不会适时地出现。在我需要安慰的时候，你的声音只能在电话里边。在我孤独无助的时候，你的身影只会出现在天边……

——张爱玲

地铁，五分钟一班。公交，半小时一趟。生日，一年一过。而真正的爱情也许一生只有一次。错过一列班车，你可以再等，但有时候，错过了一个人却是永远都等不到了。

——《完美新娘》

一个人最大的缺点，不是自私、多情、野蛮、任性，而是偏执地爱一个不爱自己的人。

——张小娴

离开，原本就是爱情与人生的常态，那些痛苦增加了你生命的厚度。有一天，当你也可以微笑地转身，你就会知道，你已经不一样了！爱情终究是一种缘分，经营不来。我们唯一可以经营的，只有自己。

——张小娴

世间最执着的爱恋，是用最纯粹的心去爱一个人，用尽生命的全部力气去承受。一生里如果有一次这样爱过，就算爱如夏花，只开半夏，也无怨无悔。

——九夜茴

别去看他在哪里，疼，我们要闭上眼睛，只静静听那飕飕的风声，那是鞭子和陀螺在一起歌唱。可是幸福，幸福是生生不息，却难以触及的远。

——张悦然

也许要越过青春，才能知道青春是多么自恋的一段时期。有时候想，爱情之所以要兜那么大圈子，付出惨烈代价，是因为它生不逢时。拥有它的时候我们缺乏智慧，等我们有智慧的时候，已经没有精力去谈一场纯粹的恋爱。

——目非

传说人在最初是一个完整的圆，因为触怒了神，被分成两半，于是我们穷其一生都在寻找丢失了的另一半，可是既然都是半圆，那长得该有多相像呢，所以你很容易就找错了呢，所以也不要对以前的人报以伤感与抱歉。

——《爱，在离别时》

恩戴米恩是神话里的人物，有人说他是国王，但是大多数人都说他是牧童，恩戴米恩长得俊美绝伦，当他看守羊群的时候，月神西宁偶然看到他，便爱上了他，从天而降，轻吻他，躺在他身旁。为了永远拥有他，月神西宁使他永远熟睡。像死去一样躺在山野间，身体却仍然温暖而鲜活。每一个晚上月神都会来看他，吻他。恩戴米恩从未曾醒来看看倾泻在自己身上的银白色的月光。痴情的月神永恒地、痛苦地爱着他。

——张小娴《荷包里的单人床》

不得不承认，在爱情面前，人是软弱和无力的，甚至是低贱的——假如你爱他，喝口凉水都是甜的，吃口咸菜也是香的。假如你不爱他，每天鲍鱼鱼翅也是厌烦的——在爱情面前，谁也不要嘴硬，不是你没找到，而是你还没有等到，等到了，天就轰了，地就裂了，而你，也认命了。

——雪小禅

自从你离开，我的生命里就剩下了两样事情可做：寻找你，和，等待你。

——乐小米

誓言用来拴骚动的心，终就拴住了虚空。山林不向四季起誓，荣枯随缘。海洋不需对沙岸承诺，遇合尽兴。连语言都应该舍弃，你我之间，只有干干净净的缄默，与存在。

——简桢

我不是一个会哭哭啼啼挽留别人的人，也不擅于用华丽的言语装饰人际关系。我只会很笨拙地把思念埋在发间，让野风吹拂，雷雨浸润，看着它恣意抽长，直到承受不了，一把剪去满头的思念，然后在日渐冷清的年华里，看它重新纠缠。

——简桢

过了许多许多年，才晓得自己原来那么早就有智慧，可是，做人是讲运气的，在我的感情生活中，并没有遇见对我好与能保护我的丈夫，许多女人都没有遇到。

——亦舒

是了，那段年岁里最大的主题是爱。渴求美善的爱，却不懂得彼此守护；

总在拥抱，同时互使出个性的剑芒，在赞美时责备，倾诉时要求，携手时任性分道，分道之后又企盼回盟，却苦苦忍住不回眸，忍着二年，忍着三年，忍到傅钟敲响骊音，浪淘尽，路断梦断，各自成为对方生命史册里的风流人物，便罢。

——简桢

爱情是两个人的天荒地老，不是一个人的一厢情愿。

——安妮宝贝

忘掉一个人是很困难的事情，在忘掉和回忆之间，我们都会为了得与失、爱与恨的绞缠所纠结。感情都是自私的，经历了不会轻易忘记，除非是没心没肺的，但是不该为了已经成为过去的情感而大伤元气，我们应该为了未来，为了下一步的进取扫除障碍。

——《我终究会关上我的心门》

就情爱而言，最悲惨的不是目光相遇、一人停留、一人做着穿越；而是两个孤独脆弱的灵魂电光火石相互催眠，而瞬间即醒。最幸运的是：醒来经历艰难，仍选择坚定，只为在琐碎生活之上，看到更高的生命目标，在孤单的世间，彼此懂得相互支持，互添勇气……

——卡森·麦卡勒斯

我在等那个人，就像你丢掉的另外一半一样。你见到他的那一瞬间，一切都已经被预设好，感情、印象，都已经储备到位，只等你轻触那个天亮的开关。你说的每一句话他都懂得，你开一个话题他就明白，你一交代关键词他就能感应到方位。那真是一个盛大的奇迹。

——黎戈

一个人工作，一个人看书，一个人吃饭，一个人看着电视乐，一个人睡觉。感觉寂寞难耐的，定会找个人同住吧。但我并没觉得寂寞难耐。要说难耐的，反倒是想一个人的时候无法一个人。

——山本文绪

我们都错了，当年不该让我遇见他，更不该让他爱上我，最不该的，是让我终于也爱上了他，在他已经不再爱我的时候。

——水晴光

我们每个人都从自己生命的起点一路跋涉而来，途中难免患得患失，背上的行囊也一日重似一日，令我们无法看清前面的方向。在这场漫长的旅行之中，有些包袱一念之间便可放下，有些则或许背负经年，更有些竟至令人终其一生无法割舍。但所有这些，都不过是我们自己捏造出来的幻象罢了。

——比尔·波特

当时间过去，我们忘记了我们曾经义无反顾地爱过一个人，忘记了他的温柔，忘记了他为我做的一切。我对他再没有感觉，我不再爱他了。为什么会这样？原来我们的爱情败给了岁月。首先是爱情使你忘记时间，然后是时间使你忘记爱情。

——张小娴

在过了某个特定年龄之后，我们的生命中已不会再遇到任何新的人、新的动物、新的面孔，或是新的事件。一切全都曾在过去发生，过去的一切全都是过往的回音与复诵；甚至所有的哀伤，也全是许久以前一段伤痛过往的记忆重现。

——多丽丝·莱辛

我们不仅必须善于等待，还必须享受等待。因为等待不仅仅是等待，它还是生活。我们中的很多人生活着，却没有全心投入。当我们真实的生活开始时，却一味等待。

——乔希·维茨金

你以为不可失去的男人，原来并非不可失去。你流干了眼泪自有另一人逗你欢笑，你伤心欲绝，然后发现不爱你的人，不值得你为他伤心。每个失恋者都曾经凄然说过：我不会再这么爱一个人了。今天回首，何尝不是喜剧？情尽时自有另一番新世界，所有的悲哀也不过是历史。

——张小娴

等待雨，是伞一生的宿命。

——张爱玲

我只不过为了储存足够的爱，足够的温柔和狡猾，以防，万一醒来就遇见你。我只不过为了储存足够的骄傲，足够的孤独和冷漠，以防，万一醒来你已离去。

——夏宇

世间情事，最悲哀的莫过于你深爱的人正以同样的深情眷恋着另一个人，如若这样，除了奉上无限的深情和耐心，还需要一点点决绝的勇气。

——乐小米

曾经梦想的未来被打乱之后才明白，原来把自己的未来和另一个人绑在一起是件很可怕的事，一旦没有了另一个人，随之也就失去了未来。就算两个人的终点自己一个人到达了,最后也只有一种感觉:我曾经以为,站在这里的会是两个人。

——浅白色

每个人内心都藏着恐惧。他们害怕孤独,害怕去做行为规范之外的任何事,害怕别人的议论,害怕冒险与失败,害怕成功遭人忌妒。他们不敢去爱,担心被拒绝,担心给人留下不好印象,担心衰老或死亡,担心缺点被人发现,担心优点没人赏识,担心无论优点缺点都没人注意。

——保罗·柯艾略

真正需要爱的,不是完人,而是有缺陷的人。只有当我们受了伤,不论是被自己损伤或是被人损伤,爱情才应该来为我们疗伤——否则要爱情有什么用呢?一切罪过爱情都应该放过,除非那罪过伤害到爱情本身。

——王尔德

我喜欢回顾,是因为我不喜欢忘记。我总认为,在世间,有些人、有些事、有些时刻似乎都有一种特定的安排,在当时也许不觉得,但是在以后回想起来,却都有一种深意。我有过许多美丽的时刻,实在舍不得将它们忘记。

——席慕蓉

那时我们有梦,关于文学,关于爱情,关于穿越世界的旅行。如今我们深夜饮酒,杯子碰到一起,都是梦破碎的声音。

——北岛

我不再爱她,这是确定的,但也许我爱她。爱情太短,而遗忘太长。

——聂鲁达

我知道等不到天亮，也等不起时光，更等不到你。只是任凭岁月苍苍，我一个人默默走向远方。

——青慕

不是所有的梦都来得及实现，不是所有的话都来得及告诉你。疚恨总要深植在离别后的心中，尽管他们说，世间种种最后必成空。我并不是立意要错过，可是我一直都在这样做，错过那花满枝桠的昨日，又要错过今朝。

——席慕蓉

我以为，我已经把你藏好了，藏在那样深，那样冷的，昔日的心底。我以为，只要绝口不提，只要让日子继续地过去，你就终于，终于会变成一个古老的秘密。可是，不眠的夜，仍然太长，而，早生的白发，又泄露了我的悲伤。

——席慕蓉

如果你等我，我会回来。但是你必须耐心等候，等到日头西落，等到天下黄雨，等到盛夏的胜利，等到音讯断绝，等到记忆空白，等到所有的等待都没有的等待。

——《战火浮生录》

是否这个人，起初你怕得不到；直至真的得不到，你又怕看不到；最后终于你连看也看不到了，甚至你连梦也梦不到了，你已经忘记他长什么样子了，但竟然仍在爱他。

——石头花园的歌女

有些人一直没有机会见，等有机会见了，却又犹豫了，相见不如不见。有些事一直没有机会做，等有机会做了，却不想再做了。有些话埋葬在心中好久，没机会说，等有机会说的时候，却说不出口了。有些爱一直没有机会爱，等有机会了，已经不爱了。

——张爱玲

你爱一棵树、一只鸟、一只宠物，你去照顾它、喂养它、关爱它，即使它不给你任何回报，你仍然爱它，这种爱你能了解吗？大部分人都不是以这样方式去爱，因为我们的爱永远被焦灼、嫉妒、恐惧所限，这意味着，我们在内心是依赖着他人的，我们其实是希望被爱。

——克里希那穆提

他纵有千个优点，但他不爱你，这是一个你永远无法说服自己去接受的缺点。一个人最大的缺点不是自私、多情、野蛮、任性，而是偏执地爱一个不爱自己的人。暗恋是一种自毁，是一种伟大的牺牲。暗恋，甚至不需要对象，我们不过站在河边，看着自己的倒影自怜，却以为自己正爱着别人。

——张小娴

如果我们爱一个人，我们就是爱他的那个样子，我们不想影响他，因为一旦成功，他就不是原来的他了。宁愿放弃这个爱人，也不要改变他，不管那是一种善意还是一种控制。

——亨利·皮埃尔·罗什

过去了，变成回忆的时候，又忽然变得很清楚，起码清楚地患得患失，或者清晰地糊涂。

——素黑

爱情是蜡烛，给你光明，风儿一吹就熄灭；爱情是飞鸟，装点风景，天气一变就飞走；爱情是鲜花，新鲜动人，过了五月就枯萎；爱情是彩虹，多么缤纷绚丽，那是瞬间的骗局，太阳一晒就蒸发；爱情多么美好，但是不堪一击。

——廖一梅

开始的开始总是甜蜜的，后来就有了厌倦、习惯、背弃、寂寞、绝望和冷笑。曾经渴望与一个人长相厮守，后来，多么庆幸自己离开了。曾几何时，在一段短暂的时光里，我们以为自己深深地爱着一个人。后来，我们才知道，那不是爱，那只是对自己说谎。

——张小娴

我现在必须要离开你了。我会走到那个拐角，然后转弯。你就留在车里把车开走。答应我，别看我拐弯。你把车开走，离开我，就如同我离开你一样。

——《罗马假日》

我就像现在一样看着你微笑，沉没、得意、失落，于是我跟着你开心，也跟着你难过，只是我一直站在现在，而你却永远停留在过去。

——郭敬明

最好看的衣服，没敢买；最想接近的那个人，不敢和他多说话。过分美丽的东西，一旦和我们发生联系，总有过强的撞击力，潜意识里，我们总害怕它们会改变我们生命的部分或全部，在它们面前，我们总绕道走，就像在质量过大的天体附近，连光线都要拐弯。

——韩松落

我等待，你等待，她等待，等待春天，等待生日，等待中奖，等待新闻，等待欢乐，等待花开，等待雨停，等待落日，等待掌声，等待慈悲，等待钟响，等待车来。等待改革，等待假期，等待梦醒，等待缘分，等待幸运，等待天使，也等待魔鬼。我等待"等待"。

——几米

有些人的爱情谈得轰轰烈烈。不论是分手，抑或是甜蜜地持续拥有，毕竟是两个人曾经一起共度、见证了年少时最为美好、珍贵的时光。可有些人，所拥有的，所守候的，一直是一个人孤零零的、冷凄凄的爱情。

——苏小懒

与其为了得不到的爱情辛苦守候，不如为了爱去冒一次险，生命才终于能像烟花一样绽放在夜空，与爱情齐开。

——佚名

窗外放晴了，屋内仍继续下雨。我微笑，并不等于我快乐。我撑伞，并非只是为了避雨。你永远都不懂我在想什么。我想拥抱每个人，但我得先温暖我自己，请容忍我。因为我已在练习容忍你。我的心常下雪，不管天气如何。它总是突然冻结，无法商量。我望向繁花盛开的世界，固定缺席。我的心开始下雪，雪无声地覆盖了所有。湮灭了迷茫、骄傲和哀痛。当一切归于寂静，世界突然变得清凉明朗。所以，别为我忧伤，我有我的美丽。它正要开始。

——几米

回忆是个大笼牢，锁住自由，把思想推至死胡同。爱是多么狡猾，当下难看清楚。

——素黑

害怕吗？痛苦吗？不甘心吗？撑不下去了吗？每个人都背负着某些东西，心中都会有痛楚，不是只有你这样。不过，女人是不能在人前流泪的，那样只会博得别人的同情。一旦被人同情，女人就等于没了骨气了。想哭就在无人的地方哭吧！流过多少泪就能让你变得多坚强。

——佚名

还执着于逝去的虚弱关系，不敢记起，未能忘记，未语泪先下。回忆总是太沉重。

——素黑

有些事情，现在不去做，以后很有可能永远也做不了。不是没时间，就是因为有时间，你才会一拖再拖，放心让它们搁在那里，任凭风吹雨打，铺上厚厚的灰尘。而你终将遗忘曾经想要做的事、想要说的话、想要抓住的人。

——韩梅梅

因为伤口有疤痕，能时刻让你看见，提醒你曾经沧海，饱历风霜，替人生刻上深度。于是，你舍不得治愈伤口。

——素黑

我只想告诉你，一切的我的死灭了的过去，一切的希望和努力，如今都化成烟，化成尘，只有一样还活着，不能泯灭的，就是我对你的爱。

——屠格涅夫

在不知不觉中，我突然有一种这样的感觉，不是不爱，是不能爱。走进一个人的世界，哭着，想着，恋着，笑着，讲述着，你总是看着，没有说过一句话。因为有你,所以渴望。但我从那些片言只语中听到了失望,于是说服自己习惯独处,习惯一个人默默行走。不是不想爱,是不能爱。因为怕伤人,也怕被伤。

——三毛

为失恋难过是人之常情,没有否定的必要,甚至应该庆幸,表示你还是有情人,还可继续去爱,修炼自己。

——素黑

第五辑　回不去的曾经

是我的终究是我的，我终归是你的一个过客，你始终不爱我，注定我和你什么都不会发生。注定，注定只是注定，不管我怎么跨越，不管我怎么想靠近你，你还是会离开我的……

——柏拉图

每一次，当他伤害我时，我会用过去那些美好的回忆来原谅他，然而，再美好的回忆也有用完的一天，到了最后只剩下回忆的残骸，一切都变成了折磨，也许我的确从来不认识他。

——村上春树

最难过的，不是记起了那个人怎么哭，而是突然想起他笑得灿烂的脸。

——眉如黛

在一回首间，才忽然发现，原来，我的一生的种种努力，不过只是为了周遭的人都对我满意而已。为了要博得他人的称许与微笑，我战战兢兢地将自己套入所有的模式，所有的桎梏。走到中途，才忽然发现，我只剩下一副模糊的面目，和一条不能回头的路。

——席慕蓉

年少的爱情是信仰或者是沿途的风光，都不再重要。重要的，时光已经泛黄，过不去的都过去了。是谁说的，有些爱终是散落在人海。

——柏颜

我要有你的怀抱的形状，我往往溶于水的线条。你真像镜子一样的爱我呢，你我都远了乃有了鱼化石。

——卞之琳

如果说注定要擦肩而过，注定要在心里留下无尽的空洞，那么是不是，不遇见才好？手那样的凉，还是握住雪花，一片一片，融成泪，滴在心上。如果下次遇到，不再回头，因为这世界，不会再，不再会，再不会，有同样的你。

——新海诚

记忆总是这个样子，在不该回忆处触碰了你的泪腺。体无完肤的爱和恨，肆虐了灵魂，感染了心肺，所有的城池失守，所有的盟约阵亡，谁又是漂泊无依的灵与肉的无定河边骨？谁又是寂寞绮丽少妇的春闺梦里人？所有的所有就在绝望的瞬间支离破碎、摧枯拉朽。但真的是烟消云散了吗？由不得你不承认，有的时候爱情也会因为回忆而积重难返！

——乐小米

忘掉曾有这世界，有你；哀悼谁又曾有过爱恋；落花似的落尽，忘了去这些个泪点里的情绪。到那天一切都不存留，比一闪光，一息风更少痕迹，你也要忘掉了我，曾经在这世界里活过。

——林徽因

喜欢的东西，要舍得拿出来用；好东西要舍得留给自己享受；心爱一个人，要有勇气主动及时地去承受来自对方的情绪和结局种种。毕竟人活着只有一次，而喜欢和爱人又是那么不容易留存的事。

——陆苏

你是喜欢边旅行边回忆，还是愿意把伤痛溺毙在食物里？你是接到他的电话会腿软的那位，还是爱一个就会恨一个的家伙？你是谁？最终被爱情逼出血性，却输掉了时光与美丽。你又是谁，只想沉默等在原地，用你矢志不渝的小勇气。每一秒，地球上有多少人在为爱情忧伤？能量叠加。

——《春天也会忧伤》

如果不去遍历世界，我们就不知道什么是我们精神和情感的寄托，但我们一旦遍历了世界，却发现我们再也无法回到那美好的地方去了。当我们开始寻求，我们就已经失去，而我们不开始寻求，我们根本无法知道自己身边的一切是如此可贵。

——安东尼·德·圣·埃克苏佩里

缘分是件很奇妙的事情，很多时候，我们已经遇到，却不知道，然后转了一大圈，又回到了这。一切的一切都是机缘，抑或是定数。所以，我们生命中所遇到的每个人，都应该要珍惜，因为你不知道这种短暂的相遇会因为什么戛然而止，然后彼此阴差阳错，再见面，却发现再也回不到过去。

——佚名

说好永远的，不知怎么就散了。最后自己想来想去，竟然也搞不清楚当初是什么原因把彼此分开的。

——张爱玲

一直相信，世界的某个角落，看不见的云端，一定有座美丽纯净的天空之城，那里没有遗憾，没有忧伤，没有不可能发生的爱情……发生过的事情总是不会改变，即使没有人记得……就让那段没有回忆的爱情，盘旋在我们的天空之城……即使宿命燃烧掉所有回忆，即使我们对面不相逢……我想我终究不会忘记，有一个天使一样的男孩子，曾经那么深，那么深的，爱，过，我。

——安妮宝贝

谁都可以没有谁，只是，失去你的我，终究再也快乐不起来。那些说好不分开的人，走掉了；熟悉的，安静了；安静的，离开了；离开的，陌生了；陌生的，消失了；消失的，陌路了。

——欧法洛

一颗心，每天像被一只手紧紧地揪着。疼痛，虚弱，不能自主。一种从内到外的抽离和剥取，无力感，发不出声音，也不再思考。身体，心，被压缩成单薄一片，只余下存活本能。独自度过一个月，无人对话，无人消解，无人分担，无人介意。这不过是她一个人的事情。而她，除了以工作、酗酒、麻醉、忍受煎熬度日，已找不出其他任何方式可以失去清醒，对抗时间。

——安妮宝贝

我也曾当过笨蛋，我也曾试着当目盲、失聪地去信任一个人，我也知道世界上最可悲的就是自我欺骗。但是，人笨过、傻过、瞎过，就够了，更要懂得爱自己，而不是一直重蹈覆辙，还自以为多痴情。

——林范信

遗忘是我们不可更改的宿命，所有的一切都像是没有对齐的图纸，从前的一切回不到过去，就这样慢慢延伸，一点一点地错开来。也许错开的东西，我们真的应该遗忘了。

——席慕蓉

有些人错过了，永远无法再回到从前；有些人即使遇到了，永远都无法在一起，这些都是一种刻骨铭心的痛！

——九夜茴

再好的东西，都有失去的一天。再深的记忆，也有淡忘的一天。再爱的人，也有远走的一天。再美的梦，也有苏醒的一天。该放弃的决不挽留，该珍惜的决不放手。

——莎士比亚

在现代，我们有着各种各样的交通工具，交流方式，能让我们将自己的思念最快地传递给那个人，只是，这么轻易的爱就真的好吗？我们心中不再结满无处可送的积念，不再那么沉甸甸地去爱一个人，不再那么缓缓地和爱人度过一生，这真的好吗？

——翟永明

红尘陌上，独自行走，绿萝拂过衣襟，青云打湿诺言。山和水可以两两相忘，日与月可以毫无瓜葛。那时候，只一个人的浮世清欢，一个人的细水长流。

——白落梅

相爱很难，吓走一颗心却很易。你试着处处想拥有他的一切，他自会忽然害怕失去一切，向往自己自在的天地，因为他是个独立的生物。为着享有太多的爱而失去爱，真是讽刺的爱情现象，却又每日发生，沦为不够资格见报的真人真事。

——林夕

世界上最痛苦的事情,莫过于悲伤来临,你还要故作姿态微笑以对。一边,眼泪百转千回;一边,骄傲地仰着面孔对着天边的白云微笑。

——乐小米

青春就是用来追忆的,当你怀揣着它时,它一文不值;只有将它耗尽后,再回过头看,一切才有了意义。爱过我们的人和伤害过我们的人,都是我们青春存在的意义。青春,最终只不过是年久失修的陈黄纸画,轻轻一碰,就碎飘于风中,化于无痕。

——辛夷坞

人生有时候看似有很多选择,但其实又没有选择。我们都常常被逼到人生的角落,然后命运会告诉你,很多人终将错过,很多事没有结果,很多情一错再错。

——佚名

爱情如此使人着迷,是不是正因为它是靠不住的?明知道它是水,是无根的,我们却用一双手和一双脚想要去拦住它。直到一天,当它翻起的波涛差点儿把我们淹没,我们才发现,即使再多出十双手和十双脚,要走的东西,终究是拦不住的。

——张小娴

世界上人都在追逐爱情,可是爱情就跟北极熊一样,隔着镜头觉得它很可爱,实际靠近它被它狠狠踩过一脚,就知道什么叫作痛到想死。

——《败犬女王》

自己的伤痛自己最清楚，自己的哀叹自己最明白，自己的快乐自己最感受。也许自己眼中的地狱，却是别人眼中的天堂；也许自己眼中的天堂，却是别人眼中的地狱。生命就是这般的滑稽。一个人有一个人的活法，关键在于心态的调整。

——朱云乔

如果当初我勇敢，结局是不是不一样。如果当时你坚持，回忆会不会不一般。最终我还是没说，你还是忽略。这是不是最好的结局，我们都已经不计较。

——舒仪

回到过去，回到曾经，回到原点，回到最初的宁静。我们终于落幕，彼此不再纠缠，生活终于归于平淡。我终于明白，我还是那个喜欢安静的孩子，我还是那个不愿意和别人争抢的孩子。我终于明白，我要的只是安宁。

——佚名

有些爱给了你很多机会，却不在意，没在乎，想重视的时候已经没机会爱了。人生有时候，总是很讽刺。一转身可能就是一世。

——张爱玲

幸福不会总来敲门，爱你的人不会总是出现。当有人，愿意为你默默付出、忍受、改变时，请记得一定要好好珍惜。因为，有的人错过了，真的就再也回不来了！

——绿西西

时光是刹那的、短暂的，所以，那些爱与温暖，总是分外匆匆，未及珍惜，转眼已逝。时光又是永恒的、漫长的，所以，那些爱与温暖，总是永刻心底，一生一世，无法忘记。

——桐华

每个人骨子里都有这样的情结：想拥有一个蓝颜知己或是红颜知己，既不是夫，也不是妻，更不是情人，而是居住在你精神领域里，一个可以说心里话，但又只是心灵取暖而不身体取暖的人。在你受伤时，第一时间会想起他/她，是你一本心灵日记，也是你生命中一个最长久的秘密。

——佚名

爱着的并不一定拥有，拥有的并不一定爱着。也许你很幸福，因为找到另一个适合自己的人。也许你不幸福，因为可能你这一生就只有那个人真正用心在你身上。很久很久，没有对方的消息，也不再想起这个人，也是不想再想起。

——张爱玲

当你停下来思考自己是否爱着某个人的时候，那就表示你已经不再爱他了。

——卡洛斯·鲁依斯·萨丰

不久前，我遇上一个人，送给我一坛酒，她说那叫"醉生梦死"，喝了之后，可以叫你忘掉以前做过的任何事。我很奇怪，为什么会有这样的酒。她说人最大的烦恼，就是记性太好，如果什么都可以忘掉，以后的每一天都将会是一个新的开始，这有多开心。

——《东邪西毒》

我以为终有一天，我会彻底将爱情忘记，将你忘记，可是，忽然有一天，我听到了一首旧歌，我的眼泪就下来了，因为这首歌，我们一起听过。

——雪小禅

我与这个世界一步一步和解，妥协也好，投降也罢，我必须教会自己珍惜、快乐。所以三十岁的时候，我想回头看。我知道，那些忧伤还在，但是时间这个筛子没有让它变得更大，而颜色鲜艳的小温馨从边上一点一点冒了出来，连悲伤都稀疏了。

——巩高峰

爱火，还是不应该重燃的。重燃了，从前那些美丽的回忆也会化为乌有。如果我们没有重聚，也许我带着他深深的思念活着，直到肉体衰朽；可是，这一刻，我却恨他。所有的美好日子，已经远远一去不回了。

——张小娴

如果时间能把我对你的思念稀释了，就不会在醒来的时候莫名地失神。

——安意如

小时候，看着满天的星星，当流星飞过的时候，却总是来不及许愿，长大了，遇见了自己喜欢的人，却还是来不及。

——《停不了的爱》

远离，不是放弃你，只是无法再接受你以我不愿意、不适合的方式来对待我；不愿意待在一个一点都不美丽、一点都不符合我本性的关系里。

——邱妙津

一个人走不开，不过因为他不想走开；一个人失约，乃因他不想赴约。一切借口均属废话，都是用以掩饰不愿牺牲。

——亦舒

所有的结局都已写好，所有的泪水也都已启程，却突然忘了，是怎么样的一个开始。在那个古老的，不再归来的夏日，不管我如何地去追索，年轻的你只如云影擦过。而你微笑的面容，极浅极淡，逐渐隐没在日落后的群岚。遂翻开那发黄的扉页，命运将它装订得极为拙劣。含着泪，我一读再读，却不得不承认，青春，是一本太仓促的书。

——席慕蓉

记忆中的风景如画，如今只有爱如花香残留指间，为我证明。我曾拥有过你，我将怀抱着你的记忆死去，可是老去，老去是如斯缓慢，我们要到哪一天才可以两两相忘？是否唯有死亡的黑暗降临覆灭时，我才会不再为你感到寂寞。

——安意如

我曾经试做另外一个梦，然而，我却失败了，我终于明白了，我的梦只属于那个离去的人，我也发现，有梦原来是一件痛苦的事……

——《2046》

当你喜欢我的时候，我不喜欢你；当你爱上我的时候，我喜欢上你；当你离开我的时候，我却爱上你。是你走得太快，还是我跟不上你的脚步？我们错过了诺亚方舟，错过了泰坦尼克号，错过了一切的惊险与不惊险，我们还要继续错过。我不了解我的寂寞来自何方，但我真的感到寂寞。你也寂寞，世界上每个人都寂寞，只是大家的寂寞都不同吧。

——佚名

最厉害的病毒,是爱和谎言。

——三毛

不过女人到底是女人,日子久了就任由感情泛滥萌芽,至今日造成伤心的局面。女人都痴心妄想,无论开头是一夜之欢,或是同居,或是逢场作戏,到最后老是希望进一步成为白头偕老,很少有真正潇洒的女人,她们总是企图从男人身上刮下一些什么。

——亦舒

你以为我会留在这儿,让自己变得对你毫无意义?你以为我穷,不好看,就没有感情吗?我和你一样有灵魂,有感情。如果上帝赐予我财富和美貌,我会让你难于离开我,就像我难于离开你。

——夏洛蒂·勃朗特

有时候,你我之间只是隔了一道墙;有时候,只是隔了一个门;有时候,只是隔了一丛花、一株柳的隐约相望,可是,偏偏不能再有一丝接近。爱你,好像天上人间对影自怜的落寞舞蹈。你是,我的水月镜花。

——安意如

世界上只有两种可以称之为浪漫的情感,一种叫相濡以沫,另一种叫相忘于江湖。我们要做的是争取和最爱的人相濡以沫,和次爱的人相忘于江湖。也许不是不曾心动,不是没有可能,只是有缘无分,情深缘浅。

——佚名

那一瞬间,我突然有一种自己也无法解释的冲动,我是那样想伸出手,去触摸他的眉与眼,因为,在他的眉眼间,我看到了令自己心疼的影子,一个令我永生无法说思念的影子。就在昨夜里,看到他,恍惚着,我以为自己走进了那个令人心疼的梦境，而此刻，他却这么轮廓鲜明地出现在我面前。

——乐小米

忘掉岁月，忘掉痛苦，忘掉你的坏。

——三毛

无法厮守终生的爱情，不过是人在长途旅程中，来去匆匆的转机站，无论停留多久，始终要离去坐另一班机。

——张小娴

相爱亦如造梦。死去或者离开的，梦醒不醒都万事皆休。活着的，留在梦境里走不出来的那个人，才是最哀苦的，被回忆留下来回忆两个人的一切。

——安意如

他轻轻地叹息，也许我们都是无法给彼此未来的人。
也许彼此都已经丧失爱和被爱的能力。
是两个被时间摧残得面目全非的残废的人。
她发现自己只能爱一个人在一瞬间，而且渐渐变得自私。
也许可以轻率地交出身体，却决不轻易地交出灵魂。

——安妮宝贝

爱情本来并不复杂，来来去去不过三个字，不是"我爱你"，"我恨你"，便是"算了吧"，"你好吗？""对不起"。

——张小娴

忘记是很痛苦的，从前如是，今天也如是。不过，以前的痛苦是因为记不起，今天的痛苦，却是怕自己无法忘记。

——张小娴

我是桃源里酣睡的孩子，梦中繁花如锦。从你走后，我才知道，人间为什么会有良辰美景的惆怅。你离去，我竟成了这样一个百无聊赖的人。

——安意如

当我们在路灯下，意外地邂逅，你迷人的双眸，我始终参不透。我蓦然回首，想追寻那逝去的梦，却见你静默地，从我身旁走过。我频频回顾，你远离的背影，星空下，不再有过传说。当初的承诺，无法再追索，相遇留给我们，是惊讶后的沉默。

——苏伦

她始终不愿意放弃她对爱情的理想，直到自己不相信爱情。他似乎耗尽了我生命中所有的激情和失望，使我丧失了大部分爱人的能力，感觉到自己的无能为力。可是我无法放弃对自己的珍惜，灵魂深处的美丽和寂寞，总是需要一个人来读懂。

——安妮宝贝

沿着雁飞过的天穹，我寻求，那逝去的梦。往事，是不堪回首的伤楚。在空白的纸上，涂上不同颜色的痛。生命里抖落的尘埃，凄绝地在天穹中，飞舞。汇成天边的云彩，如同我的心，一直在漂泊，没有着落。

——苏伦

往事，是记忆中的风沙，在暮秋初冬之至，总会扑面而来。在年少时光里，过去的人与事，总会荡起我心中的千层涟漪。生命在流逝，最终植入记忆深处的，却是那哀而感伤的初恋情怀。人世更迭，我只爱那只开一瞬的昙花的美丽。

——苏伦

世上最凄绝的距离是两个人本来距离很远，互不相识。忽然有一天，他们相识、相爱，距离变得很近。然后有一天，不再相爱了，本来很近的两个人，又变得很远，甚至比以前更远。

——张小娴

女人是天生的编剧，在爱中受尽委屈和伤痛才算曾经付出过，轰轰烈烈地爱过，这是流行情歌、悲情小说和电影的毒害，女人却潜意识里复制一模一样的剧情，不理好丑，自招伤口。

——素黑

两个人最初走在一起的时候，对方为自己做一件很小的事情，我们也会很感动。后来，他要做很多的事情，我们才会感动。再后来，他要付出更多更多，我们才肯感动，人是多么贪婪的动物？

——张小娴

风动梨花，淡烟软月中，翩翩归来的，是佳人的一点幽心，化作梨花落入你手心。一别如斯，常常别一次，就错了今生。

——安意如

缘起缘灭，缘浓缘淡，不是我们能够控制的。我们能做到的，是在因缘际会的时候好好地珍惜那短暂的时光。

——张小娴

明明知道总有一日，所有的悲欢都将离我而去，我仍旧竭力地搜集，搜集那些锦绣的纠缠。

——席慕蓉

开始不相信这些关于你的、关于我的、关于语言、关于表情、关于神态，那些诺言、那些思念、那些温柔的叮嘱和残酷的对白，我都不想再相信了，慢慢地我开始只相信时间。

——安东尼

走着走着，就散了，回忆都淡了；
看着看着，就累了，星光也暗了；
听着听着，就醒了，开始埋怨了；
回头发现，你不见了，突然我乱了。

——徐志摩

我想着，尽力去获得苍天的怜悯。它将我贬谪在回忆里久久不放，这样的煎熬我甘心承受，这样的话或许待我一生行尽，在云海水天相接处，会重见你的倩影。那么，这一世的悲苦都可以付之一笑，挥手落入海天之间了。

——安意如

我不在乎死亡。如果我死，就算得从坟墓里爬出来，我也会带走你；当你先我而死，我可以容许你带走任何你想要带走的东西，那其中必定包含我，因为你就是我，我就是你，我们的灵魂交缠，谁也无法分隔一具躯壳里的两缕灵魂。

——徐志摩

在你放弃的时候,你同时必须负担更多的东西,包括你对所放弃的不言后悔。

————安妮宝贝《下坠》

实在我盼望的,也不外就只是那一瞬,我也从没要求过,你给我你的一生。假如能在开满了栀子花的山坡上与你相遇,假如能深深地爱过一次再别离,那么,再长久的一生,不也就只是,就只是,回头时,那短短的一瞬。

————席慕蓉

叶子落去之后,才想起枝头上的花,但是明年春天,你不在了……

————海涅

君生我未生,我生君已老。隔了百年的光阴,万里的迢递,浮世肮脏,人心险诈,割裂了生与死,到哪里再去寻找那一袭纯白如羽的华衣和那张如莲花般的素颜?

————沧月

曾经也有一个笑容出现在我的生命里,可是最后还是如雾般消散,而那个笑容,就成为我心中深深埋藏的一条湍急河流,无法泅渡,那河流的声音,就成为我每日每夜绝望的歌唱。

————郭敬明

第四篇

第一辑　时间会慢慢沉淀

时光越老，人心越淡。曾经说好了生死与共的人，到最后老死不相往来。岁月是贼，总是不经意地偷去许多，美好的容颜，真实的情感，幸福的生活。也许我们无法做到视若无睹，但也不必干戈相向。毕竟谁都拥有过花好月圆的时光，那时候，就要做好有一天被洗劫一空的准备。

——白落梅

优雅是件很难的事情，比矜持难，比无赖也难。矜持能装，无赖更容易，可是优雅不行。优雅要气质，要资历，要岁月沉淀，要那份从容和云淡风轻。

——雪小禅

以一颗平稳、淡然的心去度过生命中的每一天，我们的人生才能充满喜乐。人生总是充满变数，因此不要总是过于苦恼。所谓"山重水复疑无路，柳暗花明又一村"，要知道，今日所苦恼之事，未尝不是他日一唏之事。

——佚名

真正的快乐，不是狂喜，亦不是苦痛，在我很主观地来说，它是细水长流，碧海无波，在芸芸众生里做一个普通的人，享受生命一霎间的喜悦，那么我们即使不死，也在天堂里了。

——三毛

我们不可能再有一个童年；不可能再有一个初中；不可能再有一个初恋；不可能再有从前的快乐、幸福、悲伤、痛苦。昨天，前一秒，通通都不可能再回去。生命原来是一场无法回放的绝版电影！

——佚名

我们害怕岁月，却不知道活着是多么的可喜。我们认为生存已经没意思，许多人却正在生死之间挣扎。什么时候，我们才肯为自己拥有的一切满怀感激？忘掉岁月，忘掉痛苦，忘掉你的坏。我们永不永不说再见。

——席慕蓉

时间会刺破青春的华美精致，会把平行线刻上美人的额角，它会吞噬稀世珍宝、天生丽质。没有什么能逃过它横扫的镰刀。

——莎士比亚

时光，用它的姿态流逝着，有些人，有些事，有些爱成了记忆中最温暖的风景，有些记忆注定无法剪断，有些人注定无法抹去，曾经的缘分，断线在岁月的天涯。就让此时的昏黄灯光，铺洒成点点行行的短词长句。候你，低唱。就让盈在心底的月光，氤氲为些许的眼泪，点点滴滴，诉说那些如风如烟的过往。

——佚名

时光如箭，转眼一划而过，便消失得无影无踪了。曾经有种感觉，想让它成为永远。过了许多年，才发现它已渐渐消逝了。后来悟出：原来握在手中的不一定就是我们真正拥有的,我们所拥有的也不一定就是我们真正铭刻在心的!人生很多时候需要一份宁静的关照和自觉的放弃!

——佚名

我只惋惜一件事,日子太短,过得太快。一个人从来看不出做成什么,只能看出还应该做什么?

——居里夫人

凭着日晷上潜私的阴影,你也能知道时间在偷偷地走向亘古。

——莎士比亚

我们在一个特定的时间怀念一段时光遗留的残纹。然后我们守在一个特定的位置,等一个人一个走向来路也走向去路的人……最近总是做同一个梦,你和我背靠背地站着,我看不到你的脸,只能感觉你的体温。梦是凉的你是真的,十字路口往左还是往右已经不重要,重要的是我知道你在我身后,转身就是我的幸福。

——佚名

时光的灰烬,散落于红尘,弥漫于心间。忧伤的心就像那伤逝在风中的紫兰花,在孤寂的时候给心灵一个恰到其处的缺口。恰如缘分,也许就是自己在佛前许的一个很美的梦吧。忽然,天空中有流星飞逝,闭眸,对着那流星滑过的夜空,虔诚地许下了一个心愿。

——佚名

时间带走一切,长年累月会把你的名字、外貌、性格、命运都改变。

——柏拉图

虽说，时间可以冲淡一切，可心中的那份痛往往只有在最深夜的时辰，自己独自一个人静下来卸下白天的伪装时才会表露出来。

——《岁月神偷》

当你忙的时候时间过得很快，当你无所事事或急切等待的时候觉得时间过得很慢，时间很长但是生命很短，人常常感觉不到时间，但是每个人的时间就这么多，过了就没了，所以珍贵，人忽视了时间，到头来发现忽视的是自己，所以后悔。

——莎士比亚

流年似水，总喜欢穿心而过，清浅的日子，在平淡中日渐变暖，转眼已经到了春暖花开的时节，季节变暖，心也变得柔软起来，闲暇时写些淡淡的文字，无关风月，只为心情，总想抓住一些季节的东西，时光却在我的指缝间溜走，原来有些东西是留不住的。

——朱自清

回眸岁月，不是所有的相遇都会相知，也不是所有的相知都会永恒。人生悲欢离合都是情，聚聚散散都是缘，如若遇见，别问是缘是劫，珍惜了便是永远，多年以后，在阳光下想起，嘴角会微微上扬，念起，便是温暖。

——佚名

记忆的年轮转了一圈又一圈，岁月的脚步沧桑了指尖浮华，掬一捧光阴，细数过往的倒影，那深深浅浅的诗行里留下的淡淡静好，便是时光给的暖。感谢岁月给我一方晴空，让我带着一颗明媚如初的心，过好生命中的每一天；感谢生活给我温暖，让我在平淡的时光里细数人间烟火，笑看月缺月圆，或许时光可以老去，光阴的对面，永不老去的是爱和温暖，回眸间，愿爱我们的人和我们爱着的人都健康幸福，如此足矣。

——佚名

时间正像一个趋炎附势的主人，对于一个临去的客人不过和他略微握握手，对于一个新来的客人，却伸开了两臂，飞也似的过去抱住他；欢迎是永远含笑的，告别总是带着叹息。

——莎士比亚

时间是一种冲淡了的死亡，一帖分成许多份无害的剂量慢慢地服用的毒药。最初，它会叫我们兴奋，甚至会使我们觉得长生不老——可是一滴又一滴一天又一天地吃下去，它就越来越强烈，把我们的血液给破坏了。即使拿未来的岁月作为代价，要买回自己的青春，我们也办不到；时间的酸性作用已经把我们改变了，化学的组合再也不是跟原来一样了。

——雷马克

有的东西不过很久，是不可能理解的。有的东西等到理解了，又为时已晚。大多时候，我们不得不在尚未清楚认识自己的心的情况下选择行动，因而感到迷惘和困惑。

——村上春树

你们本有多少良辰美景好度，你生生弄丢了。因为亲近，所以漠视。现在，你想起他，心忽然很疼痛。

——丁立梅

人生总是无常，再明媚的春天，偶尔也会有云翳遮住阳光，再平静的湖面，也会有点点涟漪，学会接受百味生活，经历酸甜苦辣才会更韵味悠长，生命中因为有了够多的云翳，才能造就一个美丽的黄昏。

——佚名

要知道一个人的美丽，并不是容颜，而是所有经历过的往事。优雅并不是训练出来的，而是一种阅历。淡然并不是伪装出来的，而是一种积淀。人永远都不会老，老去的只是容颜，时间会让一颗有思想的灵魂，变得越来越动人。

——佚名

选择与放弃，是生活与人生处处需要面对的关口。昨天的放弃决定今天的选择，明天的生活取决于今天的选择。人生如演戏，每个人都是自己的导演。只有学会选择和懂得放弃的人，才能赢得精彩的生活。

——佚名

生命就像是陀螺不停地旋转，我们终会从风华正茂走到衰老的那一天。等我们老的时候，回想起今天每一个酸甜苦辣的瞬间，都会淡然地回首一笑。多少的楼台烟雨，多少的辛酸无奈，都会在这回首一笑中随风而逝。

——佚名

每个爱情里的女人，不仅要为两人的幸福努力经营，同时也要为自己留一条退路，这条退路不是别的，正是保持自我，保持清醒。任何一段正常的感情，都不会没有退路，除非是你自愿截断。

——黄佟佟

时间蹂躏记忆，人往往身不由己地凛冽忘却。记忆消退如潮，难以控制。最终亦只可记得一些细微深入的细节，它们如白垩纪时流落在地球上的植物，亦是一种遗落。那种固执是遗落，也是自存。

——安意如

如果时光可以倒流，我可否顺着之前的路重新走一遭。时光如手中之沙，抓得越紧，流失得越多，剩下的那一点只会刺痛你的手掌，一如人生。

——佚名

当一切都可以看开时，往往也是没有什么可以失去的时候，时间把往事都冲淡了，只留下了美好的记忆，青春的记忆，成长的记忆，拼搏的记忆，还有擦肩而过的灿烂笑容和寂寞黑夜里的温暖烛光。我参加和采访过许多个校庆，映入我眼帘最多的是慈祥的白发和久别重逢的泪水涟涟。岁月可以软化最铁硬的心灵。

——佚名

青葱和老去，相隔并不是太远。刹那春光、展眼秋霜。最好的一切都只二字"匆匆"。小时候总觉时间太缓慢，如今回头一看，原来也已走了那么远。青葱和老去之间，多少人一生匆碌，只为写一段精彩故事。

——佚名

往事如风，将生平飞落如雪的悲苦，尽数吹散开来，如同蝴蝶的翅膀掠过干涸心海。生是过客，跋涉虚无之境。在尘世里翻滚的人们，谁不是心带惆怅的红尘过客？

——安意如

在这个光怪陆离的人间，没有谁可以将日子过得行云流水。但我始终相信，走过平湖烟雨，岁月山河，那些历尽劫数、尝遍百味的人，会更加生动而干净。时间永远是旁观者,所有的过程和结果,都需要我们自己承担。

——白落梅

时间,让深的东西越来越深,让浅的东西越来越浅。看得淡一点,伤得就会少一点,时间过了,爱情淡了,也就散了。别等不该等的人,别伤不该伤的心。我们真的要过了很久很久,才能够明白,自己真正怀念的,到底是怎样的人,怎样的事。

——佚名

第二辑　生命要"浪费"在美好的事物上

唯有你愿意去相信，才能得到你想相信的。对的人终究会遇上，美好的人终究会遇到，只要让自己足够美好。努力让自己独立坚强，这样才能有底气告诉我爱的人，我爱他。

——《北京遇上西雅图》

有时候你最想要的东西偏偏得不到，有时候你最意想不到的事却发生了。你每天遇到千万人，没有一个真正触动你的心，然后你遇到一个人，你的人生就永远改变。

——《爱情与灵药》

我的心始终为你紧张，为你而颤动；可你对此毫无感觉，就像你口袋里装了怀表，你对它绷紧的发条没有感觉一样。这根发条在暗中为你耐心地数着你的钟点，计算你的时间，以它听不见的心跳陪着你东奔西走，而你在它那嘀嗒不停的几百万秒当中，只有一次向它匆匆瞥了一眼。

——茨威格

恋爱是茶，不能隔夜，婚姻如酒，越存越香，只是，大多数人都封不好这瓶酒，所以许多婚姻跑了气，到最后，只剩下一坛苦水，好不狼狈。感情的债和时光的海一样，都是我们越不过的东西。

——伊北

我想成为你最好的邂逅，最难的再见。

——安东尼

这一生里，爱我和我爱的，无论他们给我的是快乐还是痛苦，都是来度我的，使我觉悟无常，也使我明白世间的悲欢离合。最难舍的，终究是情。明知道万有皆空，却还是禁不住依依回首这片红尘里的那一场相遇。心中有不舍的人，是多么心碎的幸福。

——张小娴

在爱情里，或许有一方是刺猬，有一方是河蚌，刺猬背对着河蚌，河蚌张开身体，用它全身最柔软的部分拥抱刺猬丛生的刺。上天让全然不同的男女相爱，所以爱情总是充满了隔阂和绝望。可是，我愿意做一只河蚌，身上最柔软的地方只有你能刺痛，只有我才敢抱你，你知道吗？

——林培源

你是独特的，但你必须向统一让步；你是自由的，但你必须向禁忌妥协。因为你渴望亲近群体，渴望他们的接受。你害怕被群体驱逐。因而你是孤独的，你是独特但孤独的心魂。生来如此。生，就是这样，永远都是这样。

——史铁生

人活在世界上，最重要的并不完全在于接纳被爱，而是具备爱人的能力。我们不懂得去爱，又如何了解被爱的滋味？学着主宰自己的生活，即使孑然一身，也不算一个太坏的局面；不自怜、不自卑、不怨叹，一日一日来，一步一步走，那份柳暗花明的喜乐和必然的抵达，在乎我们自己的修持。

——三毛

有的人来到你身边，是告诉你什么是真情；有的人，是告诉你什么是假意；

就像有的人来到你身边是为了给你温暖，有的人是为了使你心寒。这一切都是生命的礼物，无论你喜欢与否也要接受，然后学着明白它们的意义。

——张小娴

因为爱你，我更自爱。因为爱你，我知道自己的存在。因为爱你，我在成长。因为爱你，我对痛苦和快乐都有了深刻的感受。因为爱你我才知道人生有许多无法满足的事。

——张小娴

爱情有能力将一个其他各方面都很理智的人转化成一个成天胡思乱想、担心大祸临头的偏执狂病人。偏执狂很可能是对爱情的最自然的反应，因为爱情就意味着把对方当作宝贝，从而时刻担心有可能失去对方。但对那些已经饱尝失恋的痛苦的人来说，爱情只能是在伤口上撒盐。

——德波顿

一句我爱你，其实很容易说出口，但真要照顾一个人一辈子，却需要太大的勇气。爱藏在生活的一点一滴，谁能说这不是爱？

——伊北

我如果爱你绝不像攀援的凌霄花，借你的高枝炫耀自己；我如果爱你绝不学痴情的鸟儿，为绿荫重复单调的歌曲……我必须是你近旁的一株木棉，作为树的形象和你站在一起。根，紧握在地下；叶，相触在云里。每一阵风吹过，我们都互相致意，但没有人听懂我们的言语。

——舒婷

也许他不英俊，他也不是世上最聪明的人，但他是对你最好的人，那才值得珍惜。情逝的那天，他对你的好可以收回，但不能作废，因为你拥有过，也将永为你所有。他赠予下一个人的，是另一种好。他对下一个人有多好，你不必去想象。当一个人活了些年纪，渐渐就明白，分开了，也就管不着。

——张小娴

爱的本质，也许是一种考验。考验彼此的明暗人性，考验时间中人的意志与自控。欢愉幻觉，不过是表象的水花。深邃河流底下涌动的黑暗潮水，才需要身心潜伏，与之对抗突破。人年少时是不得要领的，对人性与时间未曾深入理解，于是就没有宽悯、原谅、珍惜。

——安妮宝贝

有时候，我们要对自己残忍一点，不能纵容自己的伤心失望。有时候，我们要对自己深爱的人残忍一点，将对他们的爱、记忆搁置。

——三毛

原来，爱一个人，就是永远心疼她，永远不舍得责备她。看到她哭，自己的心就跟针扎一样；看到她笑，自己就跟开了花儿一样。在爱情中，每个人都有自己致命的软肋。

——乐小米

爱情是世界上最没道理的东西，它不是天道酬勤，不是你通过辛勤的努力和付出就能得到百分之百的回报；它不是数学题，只要演算方式无误就一定能找到正确的方向和出口，求得正解；它需要两个人彼此情投意合，共同努力才能持续下去，却又因为任何一方单方面的放弃，就脆弱地瘫痪到底。

——苏小懒

崇拜居于爱情之上，喜欢居于爱情之下，欣赏居于爱情之畔，它们都不是爱情。但是爱情一旦发生，能够将它们囊括其中。

——朱苏进

当你越讨厌一个人时，他就会无时无刻不出现在你的面前，而当你想见一个人时，又怎么都找不到他。

——辛夷坞

生命要浪费在美好的事物上，体重一定要浪费在美味的食物上，爱情一定要浪费在你爱的人身上。

——卢思浩

女人，可以做自己的公主，但不要指望做全世界的公主。女人的经历可以沧桑，但女人的心态绝对不可以沧桑。女人因为有缺点才可爱。聪明的女人总会把自己的破绽暴露给男人。男人女人之间的较量，输家永远是女人。不是因为她不够聪明，仅仅是因为她更爱他。

——苏芩

和一个男人相处，多了解他而不必太爱他；和一个女人相处，应多爱她，别试图完全了解她。

——莎士比亚

如果你对一个男人过分关注，他会感到有压力。别总在电话机旁等着，要走出去享受自己的生活。他要真给你打电话了，也不要扔下闺密、重色轻友；因为你有自己的生活。不要每当有一个新的男人出现就方寸大乱。好男人不会为此而感激，而不好的男人则会利用你，直到让你放弃得太多。

——《30岁前别结婚》

女孩，你应该每天给自己一点儿独处的时间，找机会实现自己的梦想，哪怕那梦想很小；就算结了婚也不把老公和孩子当成自己的全部，在爱家人的同时也爱自己；适时给自己奖赏，在乎自己的心情；不做过分委屈自己的事。

——王思渔

如果爱你，我绝不会以你不希望的姿态出现，去打扰你的平静；如果爱你，不管你和谁在一起，我都发自肺腑地祝福你，不是放不下不是不甘心，只因爱你；如果爱你，你若转身，我无力挽留，却奢望有一天你会突然出现，突然勇敢，突然笑着对我说：在一起！因为有一种爱叫作等待！等你勇敢，再来说爱。

——鸿水

真正的爱是自由的选择。真正相爱的人，不一定非要生活在一起，充其量只是选择一起生活罢了。仅仅把得到别人的爱当成最高目标，你就不可能获得成功。想让别人真正爱你，恐怕只有让自己成为值得爱的人。满脑子想的只是消极接受别人的爱，就不可能成为值得爱的人。

——《少有人走的路》

我对于你，只是场意外；你对于我，却是一场爱情。一个人自以为刻骨铭心的回忆，别人早已经忘记了。有些人的恋爱，仅仅是爱上了"恋爱"。专一不是一辈子只喜欢一个人，是喜欢一个人的时候一心一意。

——《爱的真谛》

我们捐出了爱，本该不求回报，一乞求都有了负担，还敢奢言拥有？最大理想的结局也不过是得来幸福。幸福却不是实物，再紧的拥抱都是虚的。最实在的反而是我们更虚的心。唯心可以搜集回忆，享有幸福。万法唯心造。爱若难以放进手里，何不将它放进心里。

——林夕

人心总有压抑的时候，爱情也是很沉重的一回事。但是，可以想想父母兄弟，夜里抬头看看星月。上帝造这世界，并非叫每个人只为爱情活着。为太阳月亮又有何不可，吸两口空气，低潮就过去了。三十年后，想起为爱情萌生死念，会觉得可笑。

——亦舒

曾经，我以为我们这一生很长很长，总会爱很多的人，后来才发现，不管时间如何张牙舞爪，光阴如何死去活来，最后你记忆里所能铭记的爱人其实只有两个，一个他爱你，一个你爱他。

——夏七夕

爱情是一种奥妙，在爱情中出现藉口时，藉口就是藉口，显然已经没有热情的藉口而已，来无影，去无踪。如果爱情消逝，一方以任何理由强求再得，这，正如强收覆水一样的不明事。

——三毛

逢场作戏，连儿戏都不如，这种爱情游戏只有天下最无聊的人才会去做。要是真有性情，认真办一次家家酒，才叫好汉烈女。

——三毛

人生一个小小的变数，就可完全改变选择的方向。如果彼此出现早一点，也许就不会和另一个人十指紧扣，又或者相遇得再晚一点，晚到两个人在各自的爱情经历中慢慢地学会了包容与体谅，善待和妥协，也许走到一起的时候，就不会那么轻易地放弃，任性地转身，放走了爱情。

——席慕蓉

时间会让你了解爱情，也能够证明爱情，也能够把爱推翻。没有一种悲伤是不能被时间减轻的。如果时间不可以令你忘记那些不该记住的人，那么我们失去的岁月又有什么意义？不过梦一场。

——张小娴

真正的恋爱，是从组合了家才开始的，开初的一切，都只是爱的序幕，厚实而精彩的内容，在以后的章节。

——周国平

于千万人之中，遇见你要遇见的人。于千万年之中，时间无涯的荒野里，没有早一步，也没有迟一步，遇上了也只能轻轻地说一句："哦，你也在这里吗？"

——张爱玲

爱情是彩色气球，无论颜色如何艳丽，经不起针尖轻轻一刺。

——三毛

爱情有如甘霖，没有了它，干裂的心田，即使撒下再多的种子，终是不可能滋发萌芽的生机。

——三毛

一个人在恋爱时最能表现出天性中崇高的品质。这就是为什么爱情小说永远受人欢迎——不论古今中外都一样。

——安东尼

原谅，并非是因为心宽，而是因为不舍。不原谅，未必是因罪不可赦，只因心已离开。真情，一定会让人心软。但凡跟心软毫无关系的情，都只是些假象而已。当一个人坚持不肯原谅你，不必再多说。坚不可摧的内心，样样都有，唯独少了"爱"。爱的另一个名字，叫作"妥协"。

——苏芩

我要你知道，在这个世界上总有一个人是等着你的，不管在什么时候，不管在什么地方，反正你知道，总有这么个人。

——张爱玲

真正的爱，并不需要迫不及待地表白，而是要耐得住时间的折磨，始终站在所爱之人身边。明白这一点的人，也深知等待的惨烈，但不管等多久，心中永远开着不褪色、不枯萎的鲜花。这样的人比起那些心中无花的人来，却更容易被出卖和伤害。

——《生》

你问我爱你值不值得，其实你应该知道，爱就是不问值不值得。

——张爱玲

爱情不是必需，少了它心中却也荒凉。荒凉日子难过。难过的岂止是爱情？

——三毛

一个知己就好像一面镜子，反映出我们天性中最优美的部分。

——张爱玲

一个人待久了就成为习惯。甚至忘却当初的孤单如何噬咬自己，如何辗转反侧、痛不欲生。习惯是一种忘却。忘却最初的梦想和壮志，忘却所有刻骨铭心的欢笑与泪水，有人说这叫成熟，还有人说这是衰老。事实上，这不过是习惯。

——《当时年少致生命中的你们》

诺言的"诺"字和誓言的"誓"字都是有口无心的。

——三毛

锁上我的记忆，锁上我的忧伤，不再想你，怎么可能再想你，快乐是禁地，生死之后，找不到进去的钥匙。

——三毛

爱情，如果不落实到穿衣、吃饭、数钱、睡觉这些实实在在的生活里去，是不容易天长地久的。

——三毛

男人是泥，女人是水，泥多了，水浊；水多了，泥稀；不多不少，捏成两个泥人——好一对神仙眷侣。这一类，因为难得一见，老天爷总想先收回一个，拿到掌心去看看，看神仙到底是什么样子。

——三毛

一个有责任的人，是没有死亡的权利的。许多的夜晚，许多次午夜梦回的时候，我躲在黑暗里，思念几成疯狂，相思，像一条虫一样的慢慢啃着我的身体，直到我成为一个空空茫茫的大洞。夜是那样的长，那么黑，窗外的雨，是我心里的泪，永远都没有滴完的一天。先走的是比较幸福的，留下的，也并不是强者，可是，在这彻心的苦，切肤的疼痛里，我仍旧要说——为了爱的缘故，这永别的苦水，还是让我来喝下吧！

——三毛

失望，有时候也是一种幸福，因为有所期待所以才会失望。因为有爱，才会有期待，所以纵使失望，也是一种幸福，虽然这种幸福有点痛。

——张小娴

世界上难有永恒的爱情，世上绝对存在永恒不灭的亲情，一旦爱情化解为亲情，那份根基，才不是建筑在沙土上了。

——三毛

你的夕阳、我的容颜、谁的三分之一年。

——海子

我有没有跟你说过爱是我不变的信仰、我有没有告诉过你爱就是永远把一个人放在心上。

——饶雪漫

情感上拿得起放得下，这很重要。我已摆脱了少女的那种情怀，一旦爱上你就天崩地裂、海枯石烂，不生死与共绝不够爱。我可收放自如，你希望我多爱你我就多爱你，你希望我保持多远的距离我就默默离开。而且我会自己找乐子，即便独自一人，我都不会有寂寞孤独自怨自怜。

——六六

真正属于你的爱情不会叫你痛苦，爱你的人不会叫你患得患失，有人一票就中了头奖，更有人写一本书就成了名。凡觉得辛苦，即是强求。真正的爱情叫人欢愉，如果你觉得痛苦，一定是出了错，需及时结束，从头再来。

——亦舒

总有一天，你会对着过去的伤痛微笑。你会感谢离开你的那个人，他配不上你的爱、你的好、你的痴心。他终究不是命定的那个人。幸好他不是。

————张小娴

爱我更多，好吗？爱我，不是因为我美好，这世间原有更多比我美好的人。爱我不是因为我的智慧，这世间自有数不清的智者。爱我，只因为我是我，有一点好有一点坏有一点痴的我，古往今来独一无二的我，爱我，只因为我们相遇。

————张晓风

上帝让亚当的一根肋骨成为他的爱人，为什么。因为我们本来就是应该爱那个和自己最像的人。

————《恋恋书中人》

当你失去一个你爱的人，如果能迎来一个能读懂你的人，你就是幸运的。失去一段感情，你感觉心痛，当你心痛过后，你才会发现，你失去的只是你心中的依赖，当你学会孤独的坚强，一切又会再次美好起来。珍惜那个读懂你的人，好好去疼爱她，这就是纸醉金迷时代最佳的爱情。

————《爱情是一种病》

我们爱上了那个人，才发现她身体里那么多的喜怒哀乐，她的悲伤，她的软弱，她的无理取闹，她的种种的，让你觉得你怎么会爱上这样一个人，你无法忍受的地方——暴露在你面前。这个时候，我们总会忘了一件最重要的事，你能看到这些是因为，她也爱着你。

————《男人帮》

每想你一次，天上飘落一粒沙，从此形成了撒哈拉。

————三毛

曾经我们都以为自己可以为爱情死,其实爱情死不了人,它只会在最疼的地方扎上一针,然后我们欲哭无泪,我们辗转反侧,我们久病成医,我们百炼成钢。你不是风儿,我也不是沙,再缠绵也到不了天涯。

——辛夷坞

在路途上想起爱来,觉得最好的爱是两个人彼此做个伴。不要束缚,不要缠绕,不要占有,不要渴望从对方的身上挖掘到意义,那是注定要落空的东西。而应该是,我们两个人,并排站在一起,看看这个落寞的人间。

——安妮宝贝

我曾经爱过你,爱情,也许在我的心灵里还没有完全消失。但愿它不会再去打扰你,我也不想再是你的难过、悲伤。我曾经默默无语地,毫无指望地爱过你。我既忍着羞怯,又忍着忌妒的折磨;我曾经那样真诚,那样温柔地爱过你。但愿上帝保佑你,另一个人也会像我一样爱你。

——普希金

某些人的爱情,只是一种"当时的情绪"。如果对方错将这份情绪当作长远的爱情,是本身的幼稚。

——三毛

第三辑 假如你正在寻找幸福

人生要耐得住寂寞，偶尔的寂寞会是一剂清醒剂，让你更好地面对喧嚣的尘世。当一个人把寂寞当作人生预约的美丽，怀着淡定从容的心态去面对，也就没有真正意义上的寂寞了。若能够学会走出寂寞，把生活调节得有滋有味，那你一定会是个幸福的人。

——《寂寞的人生不平淡》

聪明人嘲笑幸福是一个梦，傻瓜到梦中去找幸福，两者都不承认现实中有幸福。看来，一个人要获得实在的幸福，就必须既不太聪明，也不太傻。人们把这种介于聪明和傻之间的状态叫作生活的智慧。

——周国平

幸福并不与财富地位声望婚姻同步，这只是你心灵的感觉。

——毕淑敏

幸福不喜欢喧嚣浮华，常常在暗淡中降临，贫困中相濡以沫的一块糕饼，患难中心心相印的一个眼神。

——毕淑敏

人在福中不知福,直到有一天苦了,才对比出以前的甜。所以甜中总有苦,福中总有祸的人,最能感受幸福。所以,淡淡的君子之交最能长久,若即若离的爱情最堪回味。

——刘墉

花开一春,人活一世,有许多东西你可能说不太清楚为什么与到底怎么了,人不是因为弄清了一切的奥秘与原委才生活的,人是因为询问着、体察着、感受着与且信且疑着才享受了生活的滋味的。不知,不尽知,有所期待,有所失望,所以一切才这样迷人。

——王蒙

女人是脆弱的,但是脆弱不代表无能,女人是容易受伤的,但是受伤不能一直沦陷。如果说男人是赐给女人受伤的毒药,那么女人自己就是解药。受伤的女人请记住,天空一直是湛蓝的,就看你们愿不愿抬起头;愿不愿释放,愿不愿寻找,愿不愿相信,幸福一直是有的。

——《闻香识女人》

有的爱情,活在相片里;有的爱情,活在你心里。但最能让人踏实幸福的爱情,还是要那个人,活在我们的身边。

——苏岑

如果分一次手要一个月才能不再阵痛,不再时时都想求他回头,想到他名字时不再心慌手颤,那我已经成功地走过了三分之一的路段。其实,失恋并不是一件坏事,它可能是下一个幸福的开始。

——鲍鲸鲸

真正的情痴，比如杨过、黄药师，都是无视礼教，很自我的人。为什么呢？其实很简单，自我的人，他的爱，扎根更深，发力更狠，因为和本心同向，所以也更利于持久。这世界上，没有什么能敌得过，挡得住一颗滚烫的真心。

——黎戈

人生就是这样充满了大起大合，你永远不会知道下一刻会发生什么，也不会明白命运为何这样待你。只有在你经历了人生种种变故之后，你才会褪尽了最初的浮华，以一种谦卑的姿态看待这个世界。

——贾文宇

成熟的重要标志，不是学会了"表达"，而是学会了"咽下"。明明很多时候委屈得想要爆发，火到嘴边，却无奈地笑了。其实人间好多爱，都是溺爱。爱的另一种说法，是"忍"。一个人一直忍你，也就是爱你。评判爱有多深，就看忍了多久。

——苏芩

虽然经历了岁月的洗礼，但真挚的感悟没有磨灭，生命是短暂的，而爱情是永恒的。有一个可以思念的人，就是幸福。

——岩井俊二

你把自己的幸福拱手相让，去追求一些根本不会让你幸福的东西。

——《乱世佳人》

遗憾自己的爱情太羸弱不足以挽留爱人，遗憾没能和所爱的人爱上一辈子。为此，她们就把所有的错误都往自己身上揽，想得太多了，就变得不明智了。其实那个心中的男人正在某个地方逍遥自在乐不思蜀忘乎所以呢，早就记不得曾经爱过的某个女人了。

——《我只是难过不能陪你一起老》

让别人过得舒服些，自己没有幸福不要紧，看见别人得到幸福生活也是舒服的。

——鲁迅

真正的幸福，双目难见。真正的幸福存在于不可见事物之中。

——杨格

不错，达到生活中真实幸福的最好手段，是像蜘蛛那样，漫无限制地从自身向四面八方撒放有黏力的爱的蛛网，从中随便捕捉落到网上的一切。

——列夫·托尔斯泰

创造，或者酝酿未来的创造。这是一种必要性：幸福只能存在于这种必要性得到满足的时候。

——罗兰

一无所有的人是有福的，因为他们将获得一切！

——罗兰

人真正的完美不在于他拥有什么，而在于他是什么。

——王尔德

被人爱和爱别人是同样的幸福，而且一旦得到它，就够受用一辈子。

——列夫·托尔斯泰

爱和善就是真实和幸福，而且是世界上真实存在和唯一可能的幸福。

——列夫·托尔斯泰

为了要活得幸福，我们应当相信幸福的可能。

——列夫·托尔斯泰

我们曾经那么坚信的，曾经以为那是值得用生命去追求和捍卫的，原来什么都不是，原来什么都没有。我们背道而驰，坚守这两份不同的信念，却在最后殊途同归，得到了一样的结果。很多年后我都想不明白，这到底是命运太过残忍，还是命运施舍的仁慈。

——独木舟

我不知道天堂是什么样子，也不知道地狱在哪里，不过我自己觉得，没有偷懒骗人，并且做一些好事，心里觉得很舒服，那就觉得生活在天堂里，如果做了对不起别人的事，即使吃得好，穿得好，还是好像生活在地狱里。

——《天堂与地狱》

不要再给我一些突如其来的关心。不是每一次你的出现我都会觉得幸福。如果结局不是我想要的，那么我宁愿不去参与这个过程。我不想再卑微自己了，不会一直犯贱。好了伤疤忘了疼的事，我不会一直做。如果不爱，请离开。你若不惜，我亦不爱。

——暖小团

每个人终其一生都要努力修炼的，就是忘掉别人会怎么看自己，换掉永远是"我妈说……我老板说……我朋友说……"这样的话语系统，勇敢地表达"我觉得……我认为……"这是获得快乐的必经之路。

——李欣频

你没必要去努力改变一个人，正如你无法改变明日天气，你所要做的，只是持心自守，兵来将挡，水来土掩。准备好自己，无论是晴是雨，都能找到一种自在新鲜。

——《可以暴烈，可以温柔》

愿你最爱的人，也最爱你。愿你确定爱着的人，也确定爱着你。愿你珍惜爱你的人，也愿他们的爱，值得你珍惜。愿每个人生命中最爱的人，会最早出现。愿每个人生命中最早出现的人，会是最爱的人。愿你的爱情，只有喜悦与幸福，没有悲伤与愧疚。

——蔡智恒

曾经历了许许多多，现在，我似乎明白了什么是幸福：过恬静的隐居生活，尽可能对人们做些简单而有用的善事，做一份真正有用的工作，最后休息，享受大自然，读书，听音乐，爱戴周围的人。这就是我对幸福的诠释。

——乔恩·克拉考尔

我知道现在的你需要一个拥抱，我给你。无关友情，无关爱情，无关心态，无关状态，无关希望，无关失望，无关信念，无关信仰，我只是想告诉你，你，不是一个人。

——陆离流离

如果你希望一个人爱你，最好的心理准备是，并不是非他（她）不可。你要坚强独立，让自己有自己的生活重心，有寄托，有目标，有自己的朋友。总之，让自己有足够多使自己快乐的元素，然后，很从容地接受或拒绝对方的爱。

——罗兰

人生应该力求两个简单：物质生活的简单，人际关系的简单。有了这两个简单，心灵就拥有了广阔的空间和美好的宁静。现代人却在两个方面都复杂，物质生活上是财富的无穷追逐，人际关系上是利益的不尽纠葛，两者占满了生活的几乎全部空间，而人世间的大部分烦恼就是源自这两种复杂。

——周国平

寂静在喧嚣里低头不语，沉默在黑夜里与目光结交，于是，我们看错了世界，却说世界欺骗了我们。

——泰戈尔

对你的生活最有影响力的人，就是你自己。决定你是快乐还是不快乐的人，也是你自己。没有你的许可，任何事物都不能让你快乐。没有你的许可，任何事物都不能让你不快乐。没有人夺走你的快乐、你的狂喜。夺走的人是你，因为你把狂喜建立在别人身上。你无法预防洪水，但你能学着建造方舟。

——芭芭拉

我们似乎总会在某一年，爆发性地长大，爆发性地觉悟，爆发性地知道某个真相，让原本没有什么意义的时间的刻度，成了一道分界线。

——韩松落

我们于日用必需的东西以外，必须还有一点无用的游戏与享乐，生活才觉得有意思。我们看夕阳，看秋河，看花，听雨，闻香，喝不求解渴的酒，吃不求饱的点心，都是生活上必要的——虽然是无用的装点，而且是愈精炼愈好。

——周作人

沉默的性质揭示了一个人的灵魂的性质，在不能共享沉默的两个人之间，任何言词都无法使他们的灵魂发生沟通。

——周国平

我爱着，什么也不说，只看你在对面微笑；我爱着，只要心里知觉，不必知晓你对我的想法；我珍惜我的秘密，也珍惜淡淡的忧伤，那不曾化作痛苦的忧伤；我宣誓：我爱着放弃你，不怀抱任何希望，但不是没有幸福；只要能怀念，就足够幸福，即使不再能看到对面微笑的你。

——缪塞

当你连尝试的勇气都没有，你就不配拥有幸福，也永远不会得到幸福，伤过，痛过，才知道有多深刻。

——三毛

总有一天，你会遇到一个彩虹般绚烂的人，当你遇到这个人后，会觉得其他人都只是浮云。你必须看到整体，一幅画不仅是各个部分的简单组合，一头牛只是一头牛，草地只是一片长满青草和花朵的土地，透过树枝的阳光也不过是一束光线，但你将它们组合在一起，却美得不可思议。

——《怦然心动》

如果你希望你的男友成为好男人，那么，不要喋喋不休地要求他，要按照你希望他成为的样子去赞美他。赞美也许是个善意诡计，但任何心理正常的人，都愿意开心接纳。

——吴淡如

为什么世间那么多的男女都渴望找到自己的另一半，为什么七仙女不愁吃不愁穿的非要到人间你挑水来我浇园。寂寞天鹅固然高贵，人间烟火固然庸俗，但庸俗的东西往往热闹喧嚣，它直指人心底深处最柔弱的部分。

——陈彤

快乐，像是鲜花，任你怎么呵护，不经意间就凋零了。痛苦，却如野草，随你怎样铲除，终会顽强地滋生。你得准备，学习迎接痛苦、医治痛苦、化解痛苦。让痛苦"钙化"，成为你坚强生命的一部分。

——雷抒雁

人应该去旅行，在年轻的时候，趁着有脾气装潇洒，有本钱耍个性，离开睁眼闭眼看见的城市，逃离身边的纷纷扰扰，找一个让心里安静和干净的地方，让自己变得跟水晶一样清澈透明，美得想哭的照片，留给老年的自己。

——《带着爱，去旅行》

幸福就是重复。每天跟自己喜欢的人一起，通电话，旅行，重复一个承诺和梦想，听他第二十八次提起童年往事，每年的同一天和他庆祝生日，每年的情人节、圣诞节、除夕，也和他共度。甚至连吵架也是重复的，为了一些琐事吵架，然后冷战，疯狂思念对方，最后和好。

——张小娴

离开，原本就是爱情与人生的常态。那些痛苦增加了你生命的厚度，有一天，当你也可以微笑地转身，你就会知道，你已经不一样了！爱情终究是一种缘分，经营不来。我们唯一可以经营的，只有自己。

——张小娴

有人说：幸福的人都沉默。百思不得其解，问一友人，对方淡然自若地答：因为幸福从不比较，若与人相比，只会觉得自己处境悲凉。

——梁文道

从此再不提起过去,痛苦或幸福,生不带来,死不带去。

——海子

第一珍贵的是生命,第二珍贵的是健康,第三珍贵的是心情。你被别人忌妒说明你卓越;你忌妒别人说明你无能。人生最大的幸福就是健康地生活着。问心无愧是一种从不间断的享受。

——佚名

第四辑　历经感情的寒冬，我们终会明白

我那时什么也不懂！我应该根据她的行为，而不是根据她的话来判断她。她香气四溢，让我的生活更加芬芳多彩，我真不该离开她的……我早该猜到，在她那可笑的伎俩后面是缱绻柔情啊。花朵是如此的天真无邪！可是，我毕竟是太年轻了，不知该如何去爱她。

——安托万·德·圣·埃克苏佩里

真正的爱，不会让你生病，更不会让你感到痛苦、焦虑、彷徨、恐惧……你之所以病了，你之所以会突发这些负面情绪，是因为，你的索取、自私、控制、占有、爱比较……虽然很多人一直误解，固执地认为这都是对方造成的。

——夏东豪

舍不得你，但路还是要走下去，前面也许有一片更旖旎的风光。抹干眼泪，我走我的路，如果你曾是那么值得爱，我会永远怀念你，谢谢你陪我走了一程。如果你不值得，我会把你抖落，当作从来没有认识你，你是我年少无知所犯下的最愚蠢的错误。

——张小娴

如果有人问我，世上有完美的爱情吗？我一定会告诉他：有，它就在我们每个人的心底。但是，极少有人发现它，就算发现了，也没有勇气面对。它是那么真实，以至于我们无法相信，我们怀疑，自暴自弃，甚至，我们宁愿搂抱着它骗人的虚无缥缈的表象。

——石康

一段不被接受的爱情，需要的不是伤心，而是时间——一段可以用来遗忘的时间。一颗被深深伤了的心，需要的不是同情，而是明白！

——佚名

年少时的你我因没有学好爱情这门功课而交出了错误百出的答卷，温柔地相爱过，也暴烈地相恨过；甜蜜地幸福过，也痛苦地伤害过。纷繁复杂的聚散离合后，曾经爱过的人，最终成了熟悉的陌生人。当我们各自行走在人生路上，在渐渐的成长中终于明白：年少时我们真的不懂爱情。

——雪影霜魂

这个世界是一个中立的地方，发生在你身上的事，没有一样是绝对的正面或负面。让它成为正面或负面经验的力量，是出于你的诠释。你心中的态度，决定了它的意义是正面还是负面。所以决定你是否快乐的关键是你的心境，而不是你的遭遇。

——芭芭拉·安吉丽思

在你的未来，我想告诉你：打破任何我让你产生的想象，努力去爱一个人，但不要过分；适度地爱，也不能完全不爱。这种爱足够让你知道在现实里怎样做对他才是好的，足够让你有动力竭尽所能善待对方。

——邱妙津

有些事，有些人，是不是如果你真的想忘记，就一定会忘记。

——饶雪漫

有的人，认真爱过一次以后就不敢再随便爱了，因为怕重蹈覆辙，怕感情的伤害，怕心灵变得更累。所以，我们都失去了深爱的能力。

——《恋爱恐慌症》

争吵的原因绝不是表面上所看到的那样。指责对方时的声嘶力竭以及这些指责的不合情理，表明不是因为彼此怨恨，而是彼此相爱。我们恨自己爱对方爱到现在这个程度。我们的指责实际上承载着一个复杂的下文：我恨你，因为我爱你。我恨自己别无选择，只能冒险爱你。

——阿兰·德波顿

回忆是所有心痛的根源。如若不曾有回忆，就不会有那么多甜美的画面，如果不曾有回忆，也不会有那么多失望的眼泪……心不动，则不痛。

——默默冉

下雨的时候，在水雾里，整个城市扭曲了形状。那些爱情、亲情，一时间，在雨中急转直下。原来，一切都只是看似容易。那些种子，还是开出了悲伤的花。终于明白，人最大的悲伤不是得不到，而是舍不得。

——《悲伤电影》

你，经历了爱情。在爱情面前，拥有或失去，已经不重要了。可你终究也只是赢了自尊，输了爱。爱情的降临，总是猝不及防，你们之间的故事，开始与结束，也从来不是他能决定。抛不开过去，放不下现在，每个人都会逐渐老去，时间更不会因为任何人、任何理由而停留。

——宁慧倩

人世沧桑，不过如此，有聚便有散，都若浮云，为何就这点花月痴情割舍不下？今日割舍不下，明日依然要割舍，依然是个无终的结局。世人都以为执着的爱是美好的，却忘了执着本身就是一种痛苦，既然相爱，又何必执着。

——周如风

有些人会一直刻在记忆里的，即使忘记了他的声音，忘记了他的笑容，忘记了他的脸，但是每当想起他时的那种感受，是永远都不会改变的。

——郭敬明

你不结婚也没关系，不要孩子也没关系，但如果有可能的话，要找一个能够互相理解的人。一个人挣扎过活，不用说会伤害自己，说不定还会伤害别人。一个人把一切都承担起来的做法，不是成熟大人的做法。信任他人，依靠他人，同时也得到他人的信任和依靠，才是成熟的表现。

——天童荒太

如果我不爱你，我就不会思念你，我就不会妒忌你身边的异性，我也不会失去自信心和斗志，我更不会痛苦。如果我能够不爱你，那该多好。

——张小娴

她不会消失。消失的，不过是时间。而消失的时间，会让曾经的伤口，开出洁白而盛大的花朵，站成最纯洁的姿势，成为我们彼此温暖过存在过的最好证明。

——饶雪漫

我们的生活有太多无奈，我们无法改变，也无力去改变，更糟的是，我们失去了改变的想法。

——柏拉图

每个人都有一行眼泪，喝下的冰冷的水，酝酿成的热泪。我把最心酸的委屈汇在那里。你不懂我，我不怪你。每个人都有一段告白，忐忑、不安，却饱含真心和勇气。我把最抒情的语言用在那里。你不懂我，我不怪你。

——秋若雨

伤害与被伤害，算计、抱怨，非要把一段感情折磨得气数将尽，方才知道大势已去。舍得或舍不得，挽留或不挽留，皆上演呼天抢地的闹剧。这样的故事，日日夜夜都在上演。

——七堇年

对于遗忘的事物，并非真正的遗忘，它们深藏在我们的潜意识里面，一旦因为似曾相似的事件发生，又将重新唤醒。爱宾浩斯遗忘曲线揭示了我们遗忘的速度，一段记忆曲线先是迅速地滑落，之后随着时间的推移渐渐变得缓慢。

——《广岛之恋》

感情中最磨人的，不是争吵或冷战，而是明明喜欢，还要装出不在乎。爱，总和自尊捆绑在一起。但自尊绝非高高在上的姿态，而是坦诚地面对自己。世人都习惯了扮演一种不屑一切的冷艳。演技越好，离快乐越远。别藏得太深，幸福会找不到你。

——苏芩

记忆，那是什么东西？不过是看不到遗忘之必要的傻瓜们的胡言乱语。时间是最厉害的杀手，人们遗忘、厌倦、变老、离去。用历史的眼光看，我们之间其实也没多少事。

——珍妮特·温特森

深深地伤害了最爱我的那个人，那一刻，我听见他心破碎的声音。直到转身，我才发现，原来那声心碎，其实，也是我自己的。

——张爱玲

有些人，等之不来，便只能离开，有些东西，要之不得，便只能放弃，有些过去，关于幸福或伤痛，只能埋于心底，有些冀望，关于现在或将来，只能选择遗忘。

——安宁

年轻的女子，总盼望遇见个温雅的男子，雨夜里他频频为她添香。年轻的男子，总希望有个良善的女子，清寒渐重的暮光中她悄悄为他添茶。最后，执手的，却总是那大咧咧为她添衣的男人，那骂咧咧为他添饭的女人。时间并不残忍，只是美与真之间若只能二选一的话，总是留下真。

——扎西拉姆多多

岁月就像一条河，左岸是无法忘却的回忆，右岸是值得把握的青春年华，中间飞快流淌的，是年轻隐隐的伤感。世间有许多美好的东西，但真正属于自己的却并不多。

——柏拉图

某时某刻，幽幽地想起那个你爱过的人，依然忘不了他，是人生的一部分。然后，某年某天，想起同一个人，你对他已经没有任何感觉了，这也是人生的一部分。

——张小娴

一个人对你付出太多，你却只能用百分之一回报时，剩下的百分之九十九将沉淀成悲伤的内疚。回报不了，就会很痛苦。但，不可能都不亏欠的。只能努力折腾自己，让亏欠变少，让牺牲变成自己。这样的牺牲并不伟大，因为一个人自以为很牺牲的时候，一定也有人默默在陪着牺牲。

——九把刀

谁都以为自己会是例外，在后悔之外。谁都以为拥有的感情也是例外，在变淡之外。谁都以为恋爱的对象刚巧也是例外，在改变之外。然而最终发现，除了变化，无一例外。

——佚名

那一年，是谁三天三夜不眠不休种下满塘荷花，是谁抱着14支粉红色的荷花说他喜欢我，是谁说会永远保护我、让我开心。难道，你一开始就是在骗我？请你不要再来伤害我，我会难过，心像被撕碎一样。如果你还喜欢我，请你珍惜我。如果你不喜欢我，我会离开你。

——明晓溪

无论走到哪里，都应该记住，过去都是假的，回忆是一条没有尽头的路，一切以往的春天都不复存在，就连那最坚韧而又狂乱的爱情归根结底也不过是一种转瞬即逝的现实。

——加西亚·马尔克斯

每个人的一生就好像一部电影，而他们就是那部电影里的主角。有时候他们会以为自己也是别人电影里的主角，但是可能他们只是一个配角，只有一个镜头，更说不定他们的片段早就被人剪掉了，自己居然还不知道。

——《如果·爱》

我想要一个更美好的灵魂，我才发现我是那么在乎这个，但是我做不到，这愿望曾经让我认为自己是所向披靡的，到现在才知道不过是一记冷冷的耳光。写作原来不能帮助我握住那缕来自天堂的光线，却只能强化我对它的渴望，然后把我越拉越远，我真的恨死了这个面目狰狞的自己，可我又爱她，神，请你给我力量。

——笛安

十年前，你爱我，我逃避不见；十年后，我爱你，你不在身边。人生的错过就是如此。一刹便是永远，追悔也是纪念。在心的修行途中，绝不允许投机，面具必被撕毁，谎言必被揭穿，谁也无法幸免。

——佚名

有些女人，她可以要得很少，不在乎他一无所有，不在乎为了跟他在一起要克服多少的困难；但是她同时也要得很多，她要那个男人全部的真心，如果没有，宁可放弃。

——辛夷坞

承诺本来就是男人与女人的一场角力，有时皆大欢喜，大部分的情况却两败俱伤。

——张小娴

他以为我天性磊落。不不不不不。每一个女人，在她心爱的男人面前，都是最娇媚最柔弱的。我不爱他，所以冷静镇定，若无其事。

——亦舒

那时候的未来遥远而没有形状，梦想还不知道该叫什么名字。我常常一个人，走很长的路，在起风的时候觉得自己像一片落叶。仰望星空，我想知道：有人正从世界的某个地方朝我走来吗？像光那样，从一颗星到达另外一颗星。后来，你出现了，又离开了。我们等候着青春，却错过了彼此。

——《星空》

对你不好的人，你不要太介意，没有人有义务要对你好；你学到的知识，就是你拥有的武器，可以白手起家，但不可以手无寸铁；你怎么待人，并不代表别人怎么待你，如果看不透这一点，只会徒增烦恼。

——梁继璋

我们每个人都生活在各自的过去中，人们会用一分钟的时间去认识一个人，用一小时的时间去喜欢一个人，再用一天的时间去爱上一个人，到最后呢，却要用一辈子的时间去忘记一个人。

——《廊桥遗梦》

我第一次察觉到自己的渺小，如同一枚新生的豌豆，这一刻，谁伸出手，都可以肆意碾碎我。生命如此脆弱，以至于我再也没有办法欺骗自己的内心，以至于我必须勇敢地去离别，因为，我没得选择。

——饶雪漫

幸福是太过抽象的事，我能够如此相信并等待着，已经觉得很幸福。幸福不过是求仁得仁，那是太私密的东西，只属于自己，不需要谁的打扰。正如我爱你，仍然只是我自己一个人的事，对着你，也无须解释。

——辛夷坞

人为感情烦恼永远是不值得原谅的，感情是奢侈品，有些人一辈子也没有恋爱过。恋爱与瓶花一样，不能保持永久生命。

——亦舒

以前我认为那句话很重要，因为我觉得有些话说出来就是一生一世，现在想一想，说不说也没有什么分别，有些事会变的。我一直以为是我赢了，直到有一天看着镜子，才知道自己输了，在我最美好的时候，我最喜欢的人都不在我身边。

——《东邪西毒》

我极目远望，久久伫立，曾幻想与你携手到老，但落花匆匆，流水无情，此情终将别离。那繁花落尽的冬之旅，一如我心中的愁绪。芳香和阳光也正离我而去，一池细碎的浮萍，在寒风中流向海里。

——苏伦

如果有一样东西对你而言高于一切，别试图去抓住它。如果它能回到你身边，那它就永远属于你，如若不然，意味着它从一开始就不属于你。

——纪尧姆·米索

生命中，不断地有人离开或进入。于是，看见的，看不见了；记住的，遗忘了。生命中，不断地有得到和失落。于是，看不见的，看见了；遗忘的，记住了。然而，看不见的，是不是就等于不存在？记住的，是不是永远不会消失？

——几米

为什么要那么痛苦地忘记一个人，时间自然会使你忘记。如果时间不可以让你忘记不应该记住的人，我们失去的岁月又有什么意义？

——三毛

有些失去是注定的，有些缘分是永远不会有结果的。爱一个人不一定会拥有，拥有一个人就一定要好好去爱她。

——柏拉图

第五辑　下个路口遇见新生

生命中总会有无数个擦肩而过，不是每个相遇都能凝结成相守，不是每个相邀都能转化成相知。一辈子那么长，生活中变数那么多，有时你以为会永远陪你走下去的那个人，居然只能陪你一段路。幸好我们总会保有一点对于永远的奢望，不至于错过下一次爱情来的时候。

——青衫落拓

去爱吧，像不曾受过一次伤一样；跳舞吧，像没有人欣赏一样；唱歌吧，像没有人聆听一样；干活吧，像不需要钱一样；生活吧，像今天是末日一样。

——佚名

我曾经爱过你。爱情，也许，在我的心灵里还没有完全消亡，但愿它不会再打扰你，我也不想再使你难过悲伤。我曾经默默无语、毫无指望地爱过你，我既忍受着羞怯，又忍受着忌妒的折磨，我曾经那样真诚、那样温柔地爱过你，但愿上帝保佑你，另一个人也会像我爱你一样。

——普希金

原以为不管多少次的爱，总是会把曾经珍藏在心的，但事实却是，新的爱寄长在旧爱之上，吸取其中的养分完成之前所有成长的同时，盛开出更加鲜艳的花，而过去随之凋零，变成枯萎的尸体。

——九夜茴

有人比较幸运，不需很努力去拼就能成功，有人要很拼才成功。人的命运各不同，愈幸运愈要珍惜，因为幸运之神不会永远照看着你。我也相信愈拼愈幸运。当你这么努力去拼，再怎么偏心的幸运之神都不好意思不为你停步。不管命运是不是早已经写好，去拼，去爱，去爱你所拼的吧，爱拼才会不一样。

——张小娴

有一天，当我年老，有人问我，人生的哪一段时光最快乐，也许，我会毫不犹豫地说，是十多岁的时候。那个时候，爱情还没有来到，日子是无忧无虑的；最痛苦的，也不过是测验和考试。当时觉得很大压力，后来回望，不过是多么的微小。

——张小娴

做一个温暖的人。做一个爱笑的人。高兴，就笑，让大家都知道。悲伤，就哭，然后当作什么也没发生。快乐并懂得如何快乐。过最本源的生活，做最真实的自己。

——佚名

我可以为爱狂奔，却无法为爱停留。我并不害怕生命的短暂，只害怕它灿烂地存在过，却又无声地消逝了。你的存在，让我无所畏惧地活着。感谢你，曾经见证过我的生命。

——寂地

你要相信，这个世界上总有一个人正在向你走来，带着最美丽的爱情。你要做的只是在他出现之前，好好地照顾自己。

——金陵雪

自己的人，不会害怕孤独，因为孤独给人一个更深地爱自己以及接受自己的机会。如果他的爱人拒绝他，他会觉得自己有价值吗？他会自艾自怜地从世界退缩，或焦切地四处寻找替代品吗？不会的，他只会继续在自己的每个遭遇、每个步伐中，依然吐纳着他的爱，延伸着他的爱。

——佚名

清浅而淡远的生活是殊途同归的期冀，在这样一个终点之前，我抉择了我的路，并且敢于承担它的一切。当最终想好了这一切，我发现希望值得等待，而失望值得经历。

——佚名

年少时因为没被伤害过，所以不懂得仁慈；因为没有畏惧，所以不懂得退让，我们任性肆意，毫不在乎伤害他人。当有一日，我们经历了被伤害，懂得了疼痛和畏惧，才会明白仁慈和退让。可这时，属于青春的飞扬和放肆也正逐渐离我们而去。

——佚名

爱情原来只是人生的内容之一，另外还有亲情、友情、成就感、艺术审美、各种给你带来极大愉悦的兴趣爱好，只有这些的总和才是丰富的人生，如果爱情一枝独秀，就像一张一条腿比较长的椅子，坐不稳的。

——麦小麦

我们可以度过美好时光，也可以虚度光阴，但我希望你活得精彩。我希望你能看到令你惊叹的事物，我希望你体会从未有过的感觉，我希望你遇见具有不同观点的人，我希望你的一生能过得自豪。如果你发现你的生活并非如此，我希望你能有勇气重新来过。

——《返老还童》

你站在我面前，有时是那么漠然，有时又那么沉默，好像只要暴露一点你的个性，就是对你自己最大的背叛。我知道我无法改变你，所以我离开你。

——翁达杰

想有所回忆的人，不应该总待在同一个地方，等着回忆自动找上门来！回忆散落在大千世界之中，要找回它们并让它们从隐藏处现身，应该出去旅行！

——米兰·昆德拉

假如我能使一颗心免于破碎，我便没有白活一场；假如我能消除一个人的痛苦，或者平息一个人的悲伤，或者帮助一只昏迷的知更鸟重新回到它的巢中，我便没有虚度此生。

——艾米莉·狄金森

别陷在剧情中，爱情这种事情，都不能仔细推敲的，一推敲，就千疮百孔。但是，爱情虽然经不起推敲，幸福的是，总是在某个时刻，还相信会爱上，然后死心塌地。

——宋丽晅

无论多么美好的体验都会成为过去，无论多么深切的悲哀也会落在昨天，一如时光的流逝毫不留情。生命就像是一个疗伤的过程，我们受伤，痊愈，再受伤，再痊愈。每一次的痊愈好像都是为了迎接下一次的受伤。或许总要彻彻底底地绝望一次，才能重新再活一次。

——余华

没有不可治愈的伤痛，没有不能结束的沉沦，所有失去的，会以另一种方式归来。

——约翰·肖尔斯

去光荣地受伤，去勇敢地痊愈自己。愿意这样期待我的生命，直到生命的尽头，我愿意是一个伤痕累累的人，殉于对人世的热爱之中，以血泊酹我衷心敬仰过的天地。

——简媜

在爱里煎熬心碎，你说再也不相信爱情了；为背叛而伤心流泪，你说再也不相信爱情了；上一个男人离开了，你说再也不相信爱情了；可每个人内心深处，永远都有一个等爱的小孩。

——堂·米格尔·路易兹

你是你，已不是最初的你！你是你，也不是昨天的你！奔波来去的岁月，一站又一站的旅途，在动荡与流离中，只要反观自心、自净其意，就定了、静了、安了，使我不论在多么偏远的地方行脚，都能无虑而有得。每天的睡去，是旅程的一个终站。每天的醒来，是旅程的一个起点！

——林清玄《心美，一切皆美》

不能笑着拥有，但可以笑着放弃。放弃不属于自己的，是对灵魂的释然；放弃胸口隐隐的痛，是对生命的超脱。生活中有许多可以放弃的事，但我绝不放弃执着，更不会放弃努力。让我们学会放弃吧，因为放弃也是一种美丽。

——佚名

当你的心真的在痛，眼泪快要流下来的时候，那就赶快抬头看看，这片曾经属于我们的天空；当天依旧是那么的广阔，云依旧那么的潇洒，那就不应该哭，因为我的离去，并没有带走你的世界。

——《看得见风景的房间》

亲爱的自己，不要抓住回忆不放，断了线的风筝，只能让它飞，放过它，更是放过自己；亲爱的自己，你必须找到除了爱情之外，能够使你用双脚坚强站在大地上的东西；亲爱的自己，你要自信甚至是自恋一点，时刻提醒自己我值得拥有最好的一切。

——《一封写给自己的信》

曾经拥有的不要忘记；已经得到的更加珍惜；属于自己的不要放弃；已经失去的留作回忆。累了把心靠岸，选择了就不要后悔；苦了才懂得满足，痛了才会享受生活，伤了才明白坚强；总有起风的清晨，总有绚烂的黄昏，总有流星的夜晚；不管昨天、今天、明天，能豁然开朗就是美好的一天……

——佚名

在水流最终停滞的地方，我看见大漠深处的胡杨，在飓风和群狼奔突的戈壁，以永久性的悲壮，殓葬了忍让的懦弱，殓葬了奴性的屈从，殓葬了弯驼的软腰，殓葬了蛇行的跪拜。我的灵魂像阳光一样上升，我的爱情是对一种风景的卓绝守望。

——海狼

原来有些东西之所以曾经可贵，都是因为对于那个时候来说太过难得。河水流着流着就会凭空分出支流，生活于是有了更多的选择，再没有什么是非谁不可，爱情亦是如此。当年的只爱一个人不过是因为当时眼里只有他，现在回想权当笑话，我们都已经到了下游，怎么还能逆流而上对抗时光。

——萧凯茵

在辗转的夜深，寂寞像雪崩一样来袭，像冬天的冻一样，能把整个人吃掉，而这时，你想一个人想得肝胆俱裂，起坐不宁，却不能哪怕打一个电话给他，因为，你只能背负自己的行李，帮自己挨过一关又一关，延续自己的生命轨迹，无论你多依赖那个人，他也没有精神上拯救你的义务。

——黎戈

当一个人成天不是在缅怀过去，就是在担忧未来时，如何能真正活在当下？有句话说："生命若不是现在，那是何时？"一旦懂得体会当下的幸福，内心的喜乐能量，自然源源不断。

——魏棻卿

有的时候，我们以为无路可走，其实是生命另一段旅程的开端。没能力看穿全局的我们会心慌，会焦虑、不知所措。然而，只要我们再撑一下，我们自然就能见识到更宽广的世界。

——汪采晴

走到今天，有着太多的故事，故事的结局让我体会到伤痛，也学会了坚强。从此以后，无所谓路途的遥远，哪怕背着的行囊里仍装满放不下的种种，一个人，也要微笑前行。时间不等人，明天转瞬即逝。该变的迟早会变，不属于自己的迟早都将离开。淡然、洒脱、幸福，我一直这么追求！

——刘清风

在一起的时间，走过的旅程，住过的城市，消磨的时光，那些，陪我一起傻过的人，就是所谓的青春。微笑后坚定地转身，从此变得聪明，之前那个我和现在的我之间的距离，被许多细小琐碎的事填充着，这些，都是你给我的爱吧……

——安东尼

在一生当中，很多的境遇和人际关系都提供给我们一个大好契机去选择恐惧和爱，若选择爱，我们就把祝福给了自己和别人。若选择恐惧，我们只好继续留在那伤痛中向爱哀号。任何攻击的外表其实都是在呼求爱，生活的每个危机都在祈求治愈。

——费里尼

在对的时间，遇见对的人，是一种幸福。在对的时间，遇见错的人，是一种悲伤。在错的时间，遇见对的人，是一声叹息。在错的时间，遇见错的人，是一种无奈。

——佚名

回忆的花瓣掠过心湖，泛起片片涟漪，爱不是千言万语，也不是朝朝暮暮，爱是每当午夜梦醒时，发现内心牵挂的依然是远方的你。

——杨杨

我从来不是那样的人，不能耐心地拾起一片碎片，把它们凑合在一起，然后对自己说这个修补好了的东西跟新的完全一样。一样东西破碎了就是破碎了，我宁愿记住它最好时的模样，而不想把它修补好，然后终生看着那些碎了的地方。

——米切尔

如今我不再如醉如痴，也不再想将远方的美丽及自己的快乐和爱的人分享。我的心已不再是春天，我的心已是夏天。我比当年更优雅，更内敛，更深刻，更洗练，也更心存感激。我孤独，但不为寂寞所苦，我别无所求。我乐于让阳光晒熟。我的眼光满足于所见事物，我学会了看，世界变美了。

——赫尔曼·黑塞

真正能放下的人，不会花精力解释过去，而是面向当下，乐活现在，包容过去的情缘和关系。一场情缘，应小心珍惜，怀着感恩说再见。

——素黑

当你学会爱自己，相信自己，你就能够知道如何去爱别人，相信别人；而不管这个人在你身边，还是离开你；这段关系是已经结束，还是依旧延续。外界事物处于无常的变动、更换、破碎、损毁之中。爱人有血肉，更易腐朽。只有你的相信，来自你内心的爱，是完整而稳定的存在。不管何时何地，与什么样的人在一起，持有它们，就持有长久。

——安妮宝贝

不要再给我一些突如其来的关心。不是每一次你的出现我都会觉得幸福。如果结局不是我想要的，那么我宁愿不去参与这个过程。我不想再卑微自己了，不会一直犯贱。好了伤疤忘了疼的事，我不会一直做。如果不爱，请离开。你若不惜，我亦不爱。

——暖小团

其实也不用经过太多的事情就可以懂得，没有什么不可原谅，因为没有什么不可忘却。记忆总是被篡改着，唯一的作用不过是夸张当初的欢愉或痛苦，用以衬托当下需要的情感安慰。我一直认为，忘却就是一种原谅，即便不是最高尚的那种。

——七堇年

每个人来到世上,都是匆匆过客,有些人与之邂逅,转身忘记;有些人与之擦肩,必然回首。所有的相遇和回眸都是缘分,当你爱上了某个背影,贪恋某个眼神,意味着你已心系一段情缘。只是缘深缘浅任谁都无从把握,聚散无由,我们都要以平常心相待。

——白落梅

爱情不论短暂或长久,都是美好的。甚至陌生异性之间毫无结果的好感,定睛的一瞥,朦胧的激动,莫名的调怅,也是美好的。因为,能够感受这一切的那颗心毕竟是年轻的。生活中若没有邂逅以及对邂逅的期待,未免太乏味了。人生魅力的前提之一是,新的爱情的可能性始终向你敞开着,哪怕你并不去实现它们。

——周国平

能找到真爱的,并不只是运气好的那些人,更是在伤痕累累后,仍然相信爱情的人。

——蒋方舟

如果太阳此刻熄灭光芒,那么地球上的人八分钟后才会知道。太阳熄灭光芒后的这八分钟,其实和往常一样温暖。所有人都不会察觉它的虚幻。总有一天,一切都会成为过往。转身回望,彼此朝相反的方向走出的距离那么漫长。但心中不再有激烈的情感,只是用温柔的语言描摹悲伤,用暖色的眼瞳注视过往。

——慧茗悠

没有人会对你的快乐负责，不久你便会知道，快乐得你自己寻找。把精神寄托在别的地方，过一阵你会习惯新生活。你想想，世界不可能一成不变，太阳不可能绕着你运行，你迟早会长大——生活中充满失望。不用诉苦发牢骚，如果这是你生活的一部分，你必须若无其事地接受现实。

——亦舒

所以要等，所以要忍，一直要到春天过去，到灿烂平息，到雷霆把他们轻轻放过，到幸福不请自来，才笃定，才坦然，才能在街头淡淡一笑。春有春的好，春天过去，有过去的好。

——韩松落

每个人都有过去，但每一天都是新的，没有留守过去的借口。

——素黑

每个爱情里的女人，不仅要为两人的幸福努力经营，同时也要为自己留一条退路，这条退路不是别的，正是保持自我、保持清醒。任何一段正常的感情，都不会没有退路，除非是你自愿截断。

——黄佟佟

我不相信人一生只能爱一次，我也不相信人一生必须爱许多次。次数不说明问题。爱情的容量即一个人的心灵的容量。你是深谷，一次爱情就像一道江河，许多次爱情就像许多浪花。你是浅滩，一次爱情只是一条细流，许多次爱情也只是许多泡沫。

——周国平

给爱情划界时不妨宽容一些，以便为人生种种美好的遭遇保留怀念的权利。让我们承认，无论短暂的邂逅，还是长久的纠缠，无论相识恨晚的无奈，还是终成眷属的有情，无论倾注了巨大激情的冲突，还是伴随着细小争吵的和谐，这一切都是爱情。每个活生生的人的爱情经历不是一座静止的纪念碑，而是一条流动的江河。当我们回顾往事时，我们自己不必否认，更不该要求对方否认其中任何一段流程、一条支流或一朵浪花。

——周国平

总要等到走完那段路回头看的时候，才会觉得两边的风景跟刚才来时有些不同。那些觉得过不去的，也许只是我们太倔强不愿意改变，也许只是我们习惯了那些不该习惯的习惯，可是那些伤总会慢慢地愈合，总有一天这些都会过去。

——卢思浩

所有的悲伤，总会留下一丝欢乐的线索。所有的遗憾，总会留下一处完美的角落。我在冰封的深海，找寻希望的缺口。却在午夜惊醒时，蓦然瞥见绝美的月光。

——几米

图书在版编目（CIP）数据

一语胜千言：人生必读的锦句精华 / 耀辉编著 .—北京：中国华侨出版社，2016.9

ISBN 978-7-5113-6336-7

Ⅰ.①一… Ⅱ.①耀… Ⅲ.①人生哲学—通俗读物 Ⅳ.① B821-49

中国版本图书馆 CIP 数据核字（2016）第 223943 号

一语胜千言：人生必读的锦句精华

编　　著 /	耀　辉
责任编辑 /	王　嘉
责任校对 /	王京燕
经　　销 /	新华书店
开　　本 /	670 毫米 ×960 毫米　1/16　印张 /17　字数 /225 千字
印　　刷 /	北京建泰印刷有限公司
版　　次 /	2016 年 11 月第 1 版　2016 年 11 月第 1 次印刷
书　　号 /	ISBN 978-7-5113-6336-7
定　　价 /	32.00 元

中国华侨出版社　北京市朝阳区静安里 26 号通成达大厦 3 层　邮编：100028
法律顾问：陈鹰律师事务所
编辑部：（010）64443056　64443979
发行部：（010）64443051　传真：（010）64439708
网　　址：www.oveaschin.com
E-mail：oveaschin@sina.com